高等院校信息技术课程精选系列教材

大学计算机应用基础 实践教程

（第3版）

主 编 吴雪峰 赵 芳

副主编 付凡勇

编 委 周海燕 孙潘潘 丁 玲

南京大学出版社

图书在版编目(CIP)数据

大学计算机应用基础实践教程 / 吴雪峰，赵芳主编
. — 3 版. — 南京：南京大学出版社，2022.8
高等院校信息技术课程精选系列教材
ISBN 978 - 7 - 305 - 25977 - 7

Ⅰ. ①大… Ⅱ. ①吴… ②赵… Ⅲ. ①电子计算机－
高等学校－教材 Ⅳ. ①TP3

中国版本图书馆 CIP 数据核字(2022)第 135664 号

出版发行　南京大学出版社
社　　址　南京市汉口路 22 号　　　邮　编　210093
出 版 人　金鑫荣
书　　名　**大学计算机应用基础实践教程**
主　　编　吴雪峰　赵　芳
责任编辑　苗庆松　　　　　　　　编辑热线　025 - 83592655

照　　排　南京南琳图文制作有限公司
印　　刷　南京新洲印刷有限公司
开　　本　787 mm×1092 mm　1/16　印张 10.75　字数 268 千
版　　次　2022 年 8 月第 3 版　2022 年 8 月第 1 次印刷
ISBN 978 - 7 - 305 - 25977 - 7
定　　价　32.80 元

网址：http://www.njupco.com
官方微博：http://weibo.com/njupco
官方微信号：njupress
销售咨询热线：(025) 83594756

前　言

本书是与《计算机基础理论教程》配套使用的计算机操作技能实践教材。主要包含计算机键盘指法练习、计算机操作系统的使用、Office 系列办公自动化软件使用、计算机网络基础应用、常用工具软件、多媒体软件应用等方面的内容,全面覆盖了计算机等级考试、一级考试内容的知识点。

本书通过生动的教学案例,将计算机信息技术的知识点恰当地融入案例的分析和制作过程中,使学生在学习过程中不但能掌握独立的知识点,而且能学习到综合分析问题和解决问题的能力。本书以 Windows 7 作为系统平台,重点介绍计算机等级考试中的相关知识点。

同时提供素材下载,并通过嵌入二维码和实验操作视频资源关联,方便教学和自学。

本书既可以作为普通高校、独立学院、大专院校计算机专业与非计算机专业实践指导教材,还可以作为解决日常计算机应用问题的参考书。

本书由中国矿业大学徐海学院计算机基础教研组组织编写,由于编者水平有限,书中不足和疏漏之处在所难免,恳请读者批评指正并提出宝贵意见。

编　者

2022 年 6 月

目　录

第1章　计算机基础操作键盘与指法

随着计算机的广泛应用,越来越多的人开始学习使用计算机。熟练掌握键盘指法是计算机输入的钥匙。本章重点介绍计算机键盘以及正确的操作指法。

一、实验要求

1. 了解键盘的基本组成。
2. 熟练掌握键盘的正确指法。
3. 熟练掌握一种汉字的输入法。

二、实验内容

1. 熟悉键盘的组成、区域划分及常用组合键。
2. 熟悉键盘输入指法和掌握输入法。

三、实验步骤

实验操作演示 1

1. 键盘的组成

随着计算机的更新换代,计算机的输入设备也随之不断发展。常见的键盘主要有101 键和 104 键两种,图 1-1 为标准 101 键盘,图 1-2 为标准 104 键盘。

图 1-1　101 键盘

图 1-2　104 键盘

目前广泛使用的是 104 键的键盘。这种键盘主要针对 Windows XP 及 Windows 7

操作系统而设计。相比于 101 键,104 键增加了两个键:Windows 键和右键快捷键,如图 1-3 所示。

图 1-3　Windows 键和右键快捷键

2. 键盘区域划分

键盘上的键按功能划分为以下四部分:主键区、功能键区、编辑键区和数字小键盘区,如图 1-4 所示。下面重点对主键区、功能键区和编辑键区进行介绍。

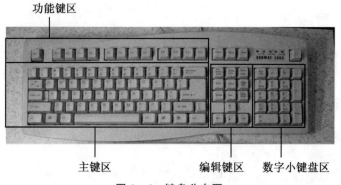

图 1-4　键盘分布图

1) 主键区

主键区分布在键盘中间偏左区域,共有 61 个按键。

字母键:共 26 个,分别对应英文的 26 个字母。直接按这些键,可输入相应的小写字母,如果要输入大写字母,只需按 Caps Lock(大小写锁定键)或同时按下 Shift(换挡键)即可。

数字键:共 10 个,分别对应从 0~9 这 10 个数字符号和一些常用的特殊符号(位于数字键上部)。直接按这些键,可输入相应的数字,但是当需要输入特殊符号时,需要同时按下 Shift 键。

标点符号键:共 11 个,和数字键一样,如果需要输入位于对应按键上部的符号,需要同时按下 Shift 键。

控制键:共 14 个,其具体功能如下。

Caps Lock——大小写锁定键。按下该键时,键盘右上角的 Caps Lock 指示灯亮起,表示当前输入时大写状态。再次按下该键,则恢复小写输入状态。

Shift——换挡键。按住该键,再按其他字母键,就可以输入其他符号。

Ctrl——控制键。配合其他键完成特殊功能。

Alt——切换键。配合其他键完成特殊功能。

　　Tab——制表符定位键。按 Tab 键会使光标向后移动几个空格,还可以按 Tab 键移动到表单上的下一个文本框。

　　Enter——回车键。表示一次输入完成,或执行命令,或者换行。

　　Spacebar——空格键。按空格键会使光标向前移动一个空格。

　　Backspace——退格键。将删除光标前面的字符或选择的文本。

2) 功能键区

　　该键区从左至右分别是 ESC、F1～F12 和三个功能键 Pause、Printscreen、Scroll Lock。

　　Esc——脱离键。用于退出或中断程序执行。

　　F1～F12——功能键。其表示的意义由所应用的程序决定。

　　Pause——暂停键。按一下该键,程序暂时停止运行,按键盘任意键即可恢复。

　　Printscreen——屏幕打印键。抓取桌面图片。

　　Scroll Lock——滚动条锁定键。可以锁定滚动的屏幕。

3) 编辑键区

　　主要功能是在整个屏幕范围内,进行光标的移动和有关编辑的操作。

　　在文字编辑过程中,我们经常要和光标(也叫插入点)打交道。输入汉字,删除汉字,都要将光标移到要插入汉字或删除汉字的地方。

　　光标移动键:按“↑、↓、→、←”键,光标分别向上、下、右、左方向移动。

　　Home/End:分别将光标快速移到本行行首/行尾。如果和“Ctrl”键组合使用,表示快速移动到整篇文档的开始/结束位置。

　　Page Up/Page Down:每次按下该键,光标向上/下移一屏幕。

　　Delete:删除键。该键与“Backspace”键删除内容方向相反,按下一次该键将删除光标右面的内容。

　　Insert:插入/改写切换键。在输入文本过程中,有两种编辑状态,即插入状态和改写状态。当编辑处于插入状态时,会在光标的前面插入新输入的字符。若处于改写状态时,会将光标后面的字符改为新输入的字符。插入状态时,状态栏上的“改写”二字变灰;改写状态时,状态栏上的“改写”二字变黑。

　　如果要将某个字改错,可以切换到改写状态,再将光标移到要改掉的错字前面,再输入新的字符。注意:如果要插入一些字符,就不要切换到改写状态,否则会把光标后面的文本全改写掉。

　　3. 常用组合键

　　计算机的键盘有 4 个常用组合键:“Alt”键、“Windows”键、“Ctrl”键和“Shift”键。下面我们分别学习这 4 个组合键。

1) Alt 键

　　Alt+Spacebar:打开控制菜单。

　　Alt+Enter 或 Alt+双击:查看项目的属性。

　　Alt+Esc:切换到上一个应用程序。

　　Alt+Tab:切换当前应用程序。

　　Alt+Shift+Backspace:重做上一步被撤销的操作。

Alt+F4:关闭当前应用程序。

Alt+Enter:将 Windows 下运行的 MS-DOS 窗口在窗口和全屏幕状态间切换。

Alt+Print Screen:将当前活动程序窗口以图像方式拷贝到剪贴板。

2) Windows 键

Windows+Tab:在任务栏上的按钮间循环。

Windows+F:显示"查找:所有文件"。

Ctrl+Windows+F:显示"查找:计算机"。

Windows+F1:显示"帮助"。

Windows+R:显示"运行"命令。

Windows:显示"开始"菜单。

Windows+Break:显示"系统属性"对话框。

Windows+E:显示"Windows 资源管理器"。

Windows+D:最小化或还原所有窗口。

Shift+Windows+M:撤销最小化所有窗口。

3) Ctrl 键

Ctrl+Alt+Del:打开 Windows 任务管理器。

Ctrl+Tab:在页面上的各框架中切换(加 Shift 反向)。

Ctrl+Shift+Tab:在选项卡上向后移动。

Ctrl+Esc:显示"开始"菜单。

Ctrl+F4:关闭当前应用程序中的当前文本(如 Word 中)。

Ctrl+F6:切换到当前应用程序中的下一个文本(加 Shift 可以跳到前一个窗口)。

Ctrl+F5:强行刷新。

Ctrl+A:选择所有项目。

Ctrl+C:复制。

Ctrl+V:粘贴。

Ctrl+X:剪切。

Ctrl+Z:撤销。

4) Shift 键

右 Shift 8 秒:切换筛选键开关。

Shift 键 5 次:切换粘滞键开关。

Shift+Tab:在选项上向后移动。

Ctrl+Shift+Tab:在选项卡上向后移动。

Shift+Delete:立即删除某项目而不将其放入回收站。

Shift+F10,或鼠标右击:打开当前活动项目的快捷菜单。

左边 Alt+左边 Shift+Print Screen:切换高对比度开关。

左边 Alt+左边 Shift+Numlock:切换鼠标键开关。

在放入 CD 的时候按下 Shift 键不放,可以跳过自动播放 CD。

熟练使用这些组合键,即使在不使用鼠标的情况下也能完成对计算机的各种操作。

实验操作演示 2

1. 英文输入指法

正确输入指法是提高计算机输入速度的关键。因此,学习者必须遵守操作规范,按训练步骤循序渐进地练习。

具体步骤如下:

① 将手指放在键盘上。手指放在 8 个基本键上,两个拇指轻放在空格键上。左右食指分别放在 F、J 键上。注意:F、J 键上有一个突起的点,方便盲打时,手指的定位(图 1-5)。

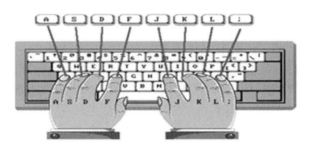

图 1-5　手指的正确摆放姿势

② 练习击键。手指分工如图 1-6 所示。

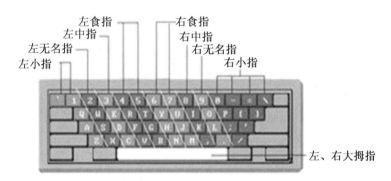

图 1-6　手指在键盘上的分工

2. 汉字输入法简介

汉字输入法有很多,但是绝大多数普通用户主要是以拼音输入为主,这里简单介绍当下主流的搜狗输入法。

搜狗输入法依托其强大的搜索引擎技术,推出的互联网词库大大提高了用户的打字速度,短短两年来搜狗拼音输入法拥有 50% 的市场占有率,成为网民装机必备软件之一。

网络新词是搜狐公司将其作为搜狗拼音输入的最大优势之一。鉴于搜狐公司同时开发搜索引擎的优势,搜狐公司声称在软件开发过程中分析了 40 亿网页,将字、词组按照使用频率重新排列。在官方首页上还有搜狐制作的同类产品首选字准确率对比。经用户使用表明,使用搜狗拼音输入法的确在一定程度上提高了打字速度,其主要特点:

(1)快速更新。不同于其他输入法依靠升级来更新词库的办法,搜狗拼音输入法采用不定时在线更新的办法,这减少了用户自己造词的时间。

(2)整合符号。这一项同类产品中也有做到,如拼音加加等。但搜狗拼音输入法将许多符号表情也整合进词库,如输入"haha"得到"ˆ_ˆ"。另外还有提供一些用户自定义的缩写,如输入"QQ",则显示"我的 QQ 号是 XXXXXX"等。

(3) 笔画输入。输入时以"u"做引导可以"h"(横)、"s"(竖)、"p"(撇)、"n"(捺)、"d"(点)、"t"(提)用笔画结构输入字符。

(4) 输入统计。搜狗拼音输入法提供一个统计用户输入字数、打字速度的功能,但每次更新都会清零。

搜狗拼音输入法的基本输入步骤和智能 ABC 输入法类似,这里就不再赘述。本节主要介绍几种常用的快捷键。这些快捷键已是网络聊天常用的功能。

键入"haha",选择"2",得到"ˆ_ˆ";选择"3",得到"o(∩_∩)o ... 哈哈"。

键入"sj",选择"1"或"2"得到当前时间。

键入"xq",选择"1"得到当前日期和星期;选择"2"得到当前星期。

键入"rq",选择"1"得到××××年××月××日格式时间;选择"2"得到××××－××－××格式时间;选择"3"得到如二○○八年三月三十一日的时间。

键入"xixi",选择"2"得到"(∗ˆ__ˆ∗)嘻嘻"。

键入"hehe",选择"2"得到"—)";选择"3"得到"o(∩_∩)o"。

键入"llysc",选择"2"得到"离离原上草,一岁一枯荣。野火烧不尽,春风吹又生。远芳侵古道,晴翠接荒城。又送王孙去,萋萋满别情。"

键入"pai",选择"3"得到"π"。

键入"aerfa",选择"2"得到希腊字母"α",依此类推。

键入"wjx",选择"3""4"分别得到"☆"和"★"。

键入"sjt""xjt""zjt""yjt"分别得到"↑""↓""←"和"→"。

键入"sjx",选择"3""4"分别得到"△"和"▲"。

键入"jiong",再按空格键,得到"囧"。

键入"lx",选择"3""4"可分别得到"◇"和"◆"。

键入"daidai",选择"6"可得到"槑"。

同学们请在专业老师的指导下,使用实验环境下提供的指法练习软件进行正确的指法操作。

"微信扫码"

相关资源 & 拓展阅读

第 2 章　Windows 7 系统的基本操作

由于微软公司对操作系统进行了更新和升级,因此普通用户需要有一个逐渐适应操作系统的过程。本章节主要向大家介绍 Windows 7 系统的一些简单界面及其操作。

一、实验要求

1. 熟悉 Windows 7 系统的桌面图标。
2. 了解 Windows 7 系统的操作。

二、实验内容

1. 熟悉 Windows 7 系统的各个主要图标以及"显示桌面"。
2. 把非系统自带的桌面图标拖动到"开始"菜单的最前面。
3. 整理适合自己使用的任务栏,把常用图标锁定在任务栏中。
4. 在个性化设置中用自己喜欢的图片替换桌面背景图。

三、实验步骤

实验操作演示 1

Windows 7 系统桌面延续了 Windows XP 系列的风格,主要由"计算机""网络""回收站""IE""Administrator"及 Office 工具组成。普通情况下重装系统后也会出现"QQ""Google Chrome""迅雷"等常用工具,如图 2-1 所示。

Windows 7 系统桌面相比 Windows XP 系统改变不大,只是将 Windows XP 系统任务栏中的"显示桌面"从任务栏中悄然地转移到 Windows 7 系统桌面的右下角,如图 2-2 所示。

图 2-2　显示桌面

图 2-1　常用工具

实验操作演示 2

首先大家应该知道何为"快捷方式",现以 QQ 软件为例说明。QQ 本身是一款聊天软件,该软件由很多个文件夹和各种不同后缀名的文件组成。第一步要去 QQ 软件程序安装所在位置找到它,如图 2-3 所示;然后右击企鹅图标后选择"发送到"➤"桌面快捷方式",如图2-4所示,这样就把原来在计算机D盘或者E盘中的具体文件以快捷方式的形式发送到桌面,便于日常打开。注意:桌面的快捷方式相当于一张"名片",只能用于快速打开软件,不能作为安装程序进行安装,如需安装QQ软件,需要的是相关安装程序,而非快捷方式。

图2-3　找到QQ程序安装的位置

图2-4　创建QQ的桌面快捷方式

在桌面创建了快捷方式后,只需要左击图标并按住该图标将其拖拽到左下角的 Windows 图标上,就会得到系统提示"附到[开始]菜单",如图 2-5 所示,此时再释放鼠标左键,QQ 图标就被拖动到"开始"菜单中。打开"开始"菜单便可以看到 QQ 的快捷访问图标,利用同样的方法左击图标拖动到上下的位置即可。

图 2-5　QQ 桌面快捷方式图标

实验操作演示 3

所谓"任务栏"就是屏幕最下方的 Windows 自带横条(图 2-6),大家可以将经常使用的软件或者程序拖动到任务栏中并锁定,这样就能比较便捷地访问软件,现以 QQ 软件为例进行说明。

图 2-6　Windows 7 系统任务栏

左击桌面上需要的图标,同时左击该图标按住并往下拖,拖动到任务栏中两个已有图标中间,看到系统提示"附到任务栏"后释放鼠标左键即可。这样下次访问程序时只需要单击任务栏图标即可访问。效果如图 2-7 所示。

相对应的,如果不想在任务栏再看到这个图标,只需要在图标上右击鼠标,选择"将此程序从任务栏解锁"即可。

Windows 7 系统有一个快捷访问任务栏的组合键"Windows+数字",比如图 2-6 中"Windows + 1"是快速打开 IE 浏览器;"Windows+2"是快速打开谷歌浏览器。

在任务栏已打开的任务中,有 2 组快捷切

图 2-7　附到任务栏

换键:

(1)"Alt+Tab"切换已打开的任务、窗口等;

(2)"Ctrl+Tab"切换已打开的浏览器中的多个页面。

实验操作演示 4

改变桌面背景图标通常采用两种方法。

方法一:在桌面空白处点击鼠标右键选择"个性化",在打开的窗口中选择"桌面背景"。单击桌面背景后,如果选择计算机中已有的图片,可在图片位置的下拉框中选择"pic",然后单击后面的"浏览",在浏览文件夹中具体定位即可(如 F 盘下的某一个文件夹)。选中指定图片左击鼠标后,继续单击窗口右下角的"保存修改"即完成了替换桌面背景。操作流程图片如图 2-8 至图 2-11 所示。

图 2-8 桌面鼠标右键点击个性化

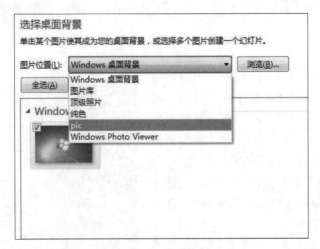

图 2-9 选择背景

图 2 - 10　确认背景保存

图 2 - 11　背景效果

方法二:在计算机某个文件夹中找到所需要的图片,右击图片后选择"设置为桌面背景"即可,如图 2 - 12 所示。

图 2 - 12　设置桌面背景

"微信扫码"

相关资源 & 拓展阅读

第3章 Windows 7 系统自带工具

计算机操作系统的每一次更新换代都会推出一些有特色、更便捷的工具。本章为大家介绍 Windows 7 系统相对于 Windows XP 系统新增的一些系统自带工具。

一、实验要求

1. 了解 Windows 7 系统的自带工具。
2. 掌握系统自带工具的基本操作方法。

二、实验内容

1. 掌握系统自带的截图工具。
2. 掌握系统自带的计算器。
3. 显示和隐藏文件后缀名及文件。
4. 在数学输入面板中输入公式 b^2-4ac。

三、实验步骤

实验操作演示 1

在 Windows XP 系统及之前的版本中,截图只能依靠"PrtScnSysRq"键或者"Print Screen"键进行。通常为了截图,用户都会先登录 QQ,因为 QQ 截图可以控制大小及选择更为精细的范围。现在 Windows 7 系统的"开始"→"附件"工具中增加了"截图工具",下面为大家演示。

首先在屏幕左下角的 Windows"开始"菜单中找到附件,选择点击"截图工具",如图 3-1 所示,点击截图工具后弹出的界面就可以截图,截取时可以在"新建"按钮后面的下拉按钮中选择截图形式,如图 3-2 所示。

图 3-1　截图工具

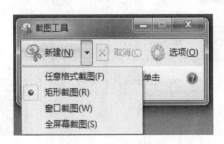

图 3-2　选择截图形式

在图 3-2 中,我们按照系统默认的矩形截图为例进行截图操作,如图 3-3 至图 3-7 所示。

图 3-3　开始截图

图 3-4　选中截图区域

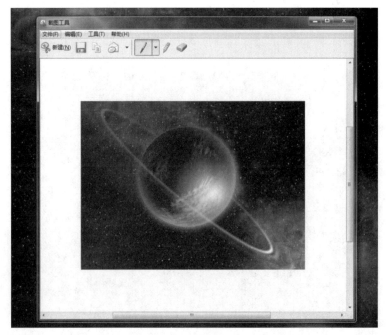

图 3－5　确认截图

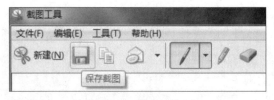

图 3－6　保存截图

图 3－7　选择截图存放位置

完成截图后以适当的文件名命名,保存在相应的位置即可。

实验操作演示 2

Windows 7 系统的特色之一就是改良的计算器可以进行单位转换、日期计算、一加仑汽油的里程、租约和按揭的计算。可以在标准型、科学型、程序员和统计员等模式之间进行选择。下面我们一起来了解计算器的功能。

在"开始"菜单中搜索"计算器",或者在"所有程序"→"附件"中找到"计算器"。打开"计算器",点击"查看",如图 3-8 所示。

图 3-8　计算器

1. 科学模式

在科学模式下使用计算器,运算数值可以精确到 32 位,并可使用运算符来控制优先级,此外数学函数的功能大致可以分为三类。

(1) 三角函数。主要包含了正弦、余弦等快速计算,另外,按"INV"功能键后,还可以计算其反函数等。

(2) 代数函数。可以计算幂函数、对数函数、指数函数等。

(3) 其他。其余的函数则相对用得较少一些,比如取整(int)、圆周率等。

注意事项:

当需要一个输入值的函数值时,一般先要输入参数,再按相应的函数进行计算;而当有两个参数需要输入时,则一般先输入第一个参数,按函数键之后再输入第二个参数,再按"="后获取,如图 3-9 和图 3-10 所示。

图 3-9　代数函数图(1)

图 3-10　代数函数图(2)

2. 程序员模式

在这个模式(图3-11)下,运算结果可以精确到64位。不过需要注意的是,该模式下仅支持整数模式,小数则被舍弃。进制在该模式下也可以自由更改,而且每一个数字都会在下方以二进制形式表示。如图3-12中在"十进制"下输入100,单击"八进制"就可以得到对应的八进制数字144。

图3-11　程序员模式　　　　　　　　　图3-12　进制转换

3. 统计信息模式

在统计信息模式(图3-13)下,选择"单位转换"后可以看到各种国际通用的单位,如图3-14所示。

图3-13　统计信息模式

图 3 - 14　单位转换

也可以选择"日期计算",查看两个日期的间隔天数、月数、周数,如图 3 - 15 所示。

图 3 - 15　日期计算

实验操作演示 3

对于 Windows XP 系统及之前的版本中,想要显示文件的后缀名或隐藏文件,要在"我的电脑"→工具栏中"工具"→"文件夹选项"→"查看"中操作。

而 Windows 7 系统对此做了一些调整,首先打开"计算机",而后在左上角的工具栏找到"组织"选择"文件夹和搜索选项",如图 3 - 16 所示。

进入后,选择单击"查看"按钮,把滚动条向下滚动,即可看到"隐藏文件和文件夹"以及"隐藏已知文件类型的扩展名",如图 3 - 17 所示。

文件的扩展名(也称为后缀名),以 Word 文档举例其扩展名为".doc"或".docx",如图 3 - 18 所示。

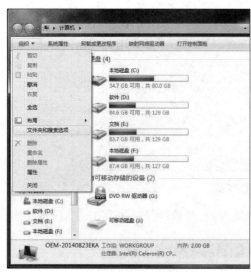

图 3-16 文件夹和搜索选项

图 3-17 查看

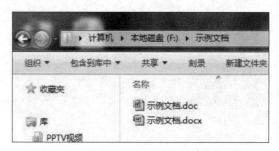

图 3-18 文件扩展名

图 3-18 中,虽然两个 Word 文档的文件名是相同的,但是因为其扩展名的不同,它们就是两个独立的文件(计算机中,同一个文件夹下不可能有两个文件名+扩展名完全相同的文件)。

那么隐藏扩展名之后我们再看一下这两个文件,如图 3-19 所示。

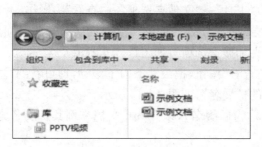

图 3-19 无扩展名

图 3-19 中,虽然两个文件的文件名是相同的,但是因为其扩展名不同,它们仍然是两个独立的文件。

实验操作演示 4

在 Windows 7 的系统自带工具中,"数学输入面板"支持手写功能。

首先在"开始"菜单中选择"所有程序"→"附件"→"数学输入面板",打开"数学输入面板",如图 3-20 和图 3-21 所示。

图 3-20　数学输入面板

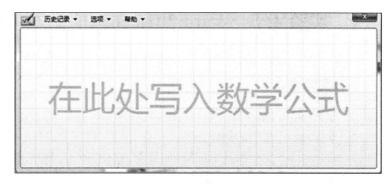

图 3-21　公式输入区域

然后在书写区域内写上"b^2-4ac",系统会自动识别用户所输入的字符。此功能多用于输入复杂的数学公式,单击"插入"把结果粘贴到 Word 或其他文档中,如图 3-22 所示。

图 3-22　书写公式

"微信扫码"

相关资源 & 拓展阅读

第 4 章　Word 2016 的使用

本章实验内容为 Word 文字处理，主要包括文本的基础操作、文档的排版、表格制作与计算、插入对象及图文混排、邮件合并、目录生成等内容。最后一个实验为 Word 综合实验，目的是考查学生综合应用 Word 软件进行文档编辑和高效排版的能力。

实验 4.1　Word 2016 文档的基本编辑与排版

一、实验要求

1. 掌握 word 2016 的启动与退出，熟悉 Word 2016 的工作窗口。
2. 掌握 word 文档的创建、录入、保存、保护、打开等操作。
3. 掌握 word 文档的基本编辑，如复制、移动、插入、删除、修改、查找与替换等操作。
4. 熟练掌握文字格式的设置。
5. 熟练掌握段落格式的设置。
6. 掌握格式刷的使用。
7. 熟练掌握项目符号和编号的使用。

二、实验内容

案例：入党申请书的编写

题目要求：

1. 新建一个 word 空白文档，输入以下内容，把当前文档保存在 E 盘下，以"你的班级学号姓名"命名的文件夹中（如"计算机 2021－1 班 22210001 张三"），文档命名为"入党申请书.docx"，设置自动保存时间间隔为 1 分钟。

本人是一名平凡的大学生，但本人有着不平凡的人生理想。在本人心中，中国共产党是一个先进和光荣的政治组织。升入大学是本人人生的一个新起点，从思想上本人对自己也有了更进一步的要求。为建设更加美好的社会贡献自己的力量，并在此过程中展现自己的人生价值是本人内心深处的愿望。所以，本人恳请加入中国共产党。

为了规范自己的行为，指正思想的航向，本人争取做到以下几点：

思想上严格要求自己，平时多学有关党的理论知识，多研究实事，时刻与党中央保持一致，用一名党员的标准来要求自己，争取做到身未入党思想先入党。

努力学习文化知识，争取每一科都达"优"，为以后走上工作岗位打下坚实基础。

在平时的日常生活中，时刻保持与同学的良好关系，热心主动帮助有困难的同学，同时要求自己朴素、节俭，发扬党员的优良传统。

积极参加学院、班级的各项活动,不论从组织到参加上,都尽量发挥自己的特长,真正起到先锋模范作用。

如果自己有幸成为一名党员,那将是本人最大的荣幸,本人将时刻牢记党员的责任,遵守党的纪律,严守党的秘密,认真履行党员的权利和义务,争做一名优秀党员。

2. 打开文档"入党申请书.docx",进行如下修改:

(1) 在文档的最开始处另起一段,输入"敬爱的党组织:"。

(2) 删除正文原第三段文字"多研究实事,"。

(3) 将正文倒数第三段和倒数第二段位置互换。

(4) 将文中所有的"本人"替换成"我",要求字体颜色为蓝色,加粗。

(5) 在正文最后按书信格式输入"此致"和"敬礼!"("此致"空两格,"敬礼!"顶格)。

(6) 在正文最后另起一段输入落款"申请人:班级姓名",如"计算机 2021 - 1 班张三"。

(7) 再另起一段,插入当前的日期,要求设置为自动更新。

(8) 为使其他应用程序能读取文件,将文件另存为纯文本文件"入党申请书.txt"。

3. 新建文档,复制文档"入党申请书.docx"的内容,保存为"入党申请书(正式版).docx",并设置文档的打开密码为"123",修改密码为"321"。

4. 打开文档"入党申请书(正式版).docx",按要求完成下列操作:

(1) 输入标题"入党申请书",对标题文字进行字体格式设置,具体要求为黑体,四号,红色,个性色 2,深色 25%,居中显示。设置正文其余文字格式为中文"宋体,小四";英文"Times New Roman,小四"。

(2) 设置第一段("敬爱的党组织:")行距为固定值 18 磅,左对齐,段前段后间距 0.5 行。

(3) 设置第二段("我是一名……")段落格式行距为固定值 18 磅,段前段后间距 0.5 行,首行缩进 2 个字符,两端对齐。

(4) 利用格式刷把第三至第十段段落格式设置为和第二段格式相同。

(5) "敬礼!"段行距为固定值 18 磅,首行缩进无。

(6) 文档最后两行落款与日期,设置为行距固定值 18 磅,右对齐。

(7) 为正文第四至第七段("思想上……"到"在平时的……")设置项目编号(1.2.3.)。

(8) 保存后退出 Word 2016。

三、实验步骤/操作指导

1. 双击桌面上的"计算机"图标,进入 E 盘文件夹窗口,在空白处右键单击,选择"新建"→"文件夹"命令,文件夹以"你的班级学号姓名"命名(如"计算机 2021 - 1 班 22210001 张三")。通过单击"开始"按钮,在弹出的"开始"菜单中依次选择"所有程序"→Microsoft Office→Microsoft Office Word 2016 命令(如果桌面上有快捷方式,也可以双击桌面上的"Word 2016"快捷方式图标),启动 Word 2016,进入 Word 2016 的工作窗口。通过单击输入法图标来选择自己熟悉的输入法,在文档编辑区输入正文。输入文字一般在插入状态下进行,此时状态栏中显示"插入"按钮,如果不是,按 Insert 键或单击"改写"按钮进行切换。

提示:有些操作的实现方式有多种,可以通过菜单命令,也可以通过快捷键或功能区的相应按钮,熟练掌握其中一种即可。如输入法的切换,可通过快捷键 Ctrl+Shift,中英文快速切换,也可在汉字输入法时按 shift 键。

开始输入之前,可单击"文件"按钮,在菜单中选择"保存"命令,打开"另存为"对话框,在地址栏下拉列表框中选择或输入文件夹名(如"E:\\计算机 2021-1 班 22210001 张三"),在"文件名"下拉列表框中输入文件名"入党申请书","保存类型"选择默认的"Word文档(*.docx)",然后单击"保存"按钮。文档保存操作如图 4-1 所示。

为避免因断电或死机的问题而使文档操作结果得不到及时的保存,在操作过程中,要养成边输入边保存文档的习惯(单击"保存"按钮或按 Ctrl+S 快捷键)。也可以通过设置自动保存时间间隔让 Word 2016 每隔指定的时间自动保存,具体操作:单击"文件"按钮,在菜单中选择"选项"命令,打开"Word 选项"对话框。在对话框左侧选择"保存"标签,在对话框右侧设置保存自动恢复信息时间间隔为"1 分钟",单击"确定"按钮。

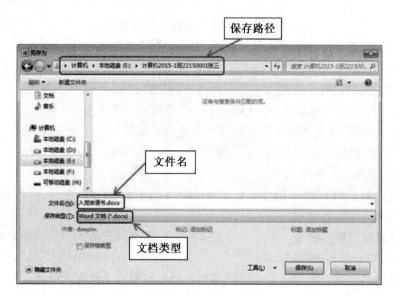

图 4-1　文档保存操作

2. 打开文档"入党申请书.docx",进行如下修改:

(1) 把光标定位到文档最开始的地方,输入"敬爱的党组织:"后按回车键;

(2) 选中正文原第三段文字"多研究实事,",按 Delete 键。

(3) 选中正文倒数第三段,在选中的区域按住鼠标左键,移动光标到倒数第 1 段的最前面,松开鼠标即可实现两段文本的位置互换。另一种操作方法:选中倒数第 2 段("积极参加……"),在选中的区域右键单击,在快捷菜单中选择"剪切"命令,将光标定位到倒数第 3 段("在平时的……")最前面,按 Ctrl+V 快捷键或右键单击选择"粘贴选项"中的"保留源格式"命令。

(4) 单击"开始"选项卡,再单击"编辑"组中的"替换"按钮,打开"查找和替换"对话框,单击"替换"选项卡,在"查找内容"下拉列表框中输入"本人",在"替换为"下拉列表框中输入"我",单击"更多"按钮,将光标定位到"替换为"下拉列表框中或选中"我",然后单击"格式"按钮,选择"字体",在弹出的"查找字体"对话框中,设置字体颜色为标准色中的"蓝色",并设置字形为"加粗",单击"确定",再单击"查找和替换"对话框中的"全部替换"命令按钮,在弹出的对话框中单击"确定"按钮,再关闭对话框。操作界面如图4-2所示。

(5) 将光标定位到正文最后,按回车键,输入"此致",按回车键后将 Word 2016 中自动弹出的"敬礼"两字删除,在"此致"的下一段顶格输入"敬礼!"。

(6) 将光标定位到"敬礼!"后按回车键,正文将另起一段,输入落款"申请人:班级姓名",如"计算机 2021-1 班张三"。

(7) 再另起一段,单击"插入"选项卡,选择"文本"组中的"日期和时间"命令,在"可用格式"下选择第 2 个(即显示为"2021 年 9 月 1 日"),将"自动更新"前面的复选框选中,单击"关闭"按钮。

(8) 单击"文件"选项卡,选择"另存为"命令,打开"另存为"对话框,在"文件名"下拉列表框中输入文件名"入党申请书","保存类型"选择"纯文本(* . txt)",然后单击"保存"按钮。

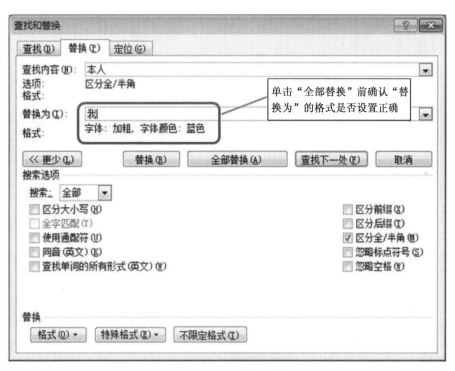

图 4-2　查找和替换操作

3. 单击"文件"选项卡,在菜单中选择"新建"命令,在"可用模板"栏中选择"空白文档",然后在右边的预览窗格中单击"创建"按钮。打开文档"入党申请书.docx",按 Ctrl+A,选中所有内容,然后按 Ctrl+C 键进行复制,光标再定位到新建的空白文档开始位置,按 Ctrl+V 键进行粘贴,单击"保存"按钮,打开"另存为"对话框,在"文件名"下拉列表框中输入文件名"入党申请书(正式版)","保存类型"选择默认的"Word 文档(* . docx)",然后单击对话框中的"工具"下拉按钮,在下拉菜单中选择"常规选项"命令,打开"常规选项"对话框,在"打开文件时的密码"文本框中输入"123",在"修改文件时的密码"文本框中输入"321",单击"确定",在随后两次弹出的"确认密码"对话框中分别再次输入密码并确定,最后单击"保存"按钮。

4. 打开文档"入党申请书(正式版).docx",按要求完成下列操作:

(1) 将光标定位到文档最开始的位置,输入"入党申请书",然后按回车键。选中"入党申请书",单击"开始"选项卡,在"字体"栏里,单击"字体"下拉列表框 宋体 ,从中选择"黑体";在"字号"下拉列表框 五号 中,选择"四号",从"字体颜色"下拉框 A 中,选择"主题颜色"下第 6 列,第 5 行的"红色,个性色 2,深色 25％";选中文中其他文字,单击"开始"选项卡中"字体"组右下角的对话框启动器 字体 ,弹出"字体"对话框,设置"中文字体"为"宋体",字号为"小四",设置"西文字体"为"Times New Roman",字号为"小四",如图 4-3 所示,然后单击"确定"按钮。单击"开始"选项卡,在"段落"组中选择"居中" ,即可把标题居中显示。

图 4-3　中西文字体设置

(2) 把光标定位到第一段(或者选中第一段),单击"开始"选项卡,在"段落"组中选择"行和段落间距"下拉列表框 ,在下拉框中选择"行距选项…",打开"段落"对话框,在"对齐方式"下拉列表框中选择"左对齐";在"段前"框中输入"0.5 行",在"段后"框中输入"0.5 行";在"行距"下选择"固定值",设置值输入"18 磅",单击"确定"。

(3) 把光标定位到第二段(或者选中第二段),单击"开始"选项卡中"段落"组右下角的对话框启动器 段落 ,打开"段落"对话框,在"对齐方式"下拉列表框中选择"两端对齐";在"特殊格式"下选择"首行缩进","缩进值"处输入"2 字符";在"段前"框中输入"0.5 行",在"段后"框中输入"0.5 行",在"行距"下选择"固定值",设置值输入"18磅",如图 4-4 所示,单击"确定"。

(4) 把光标定位到第二段,双击"开始"选项卡下"剪贴板"组中的"格式刷" 格式刷 ,

鼠标将变成格式刷的样子,依次把光标定位到第三至第十段,则这些段落的格式将设置为和第二段格式相同。

(5)把光标定位到"敬礼!"段,操作步骤同(3),"特殊格式"选择"无"。

(6)选中文档最后两行落款与日期,操作步骤同(3),"对齐方式"设为"右对齐"。

(7)把光标定位到正文第四段("思想上……"),单击"开始"选项卡下"段落"组中的"编号" 三 ,同样的方法依次为第五段、第六段和第七段设置项目编号。

(8)单击 Word 窗口最上方的"保存"按钮或按快捷键 Ctrl+S 保存,然后单击"关闭"按钮退出 Word 2016。

(扫描本章二维码查看详细操作步骤视频)

四、实验效果图

本实验最终效果如图 4-5 所示。

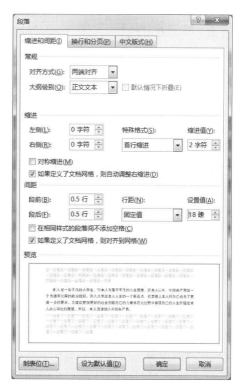

图 4-4 段落格式设置

入党申请书

敬爱的党组织:

我是一名平凡的大学生,但我有着不平凡的人生理想。在**我**心中,中国共产党是一个先进和光荣的政治组织。升入大学是**我**人生的一个新起点,从思想上**我**对自己也有了更进一步的要求。为建设更加美好的社会贡献自己的力量,并在此过程中展现自己的人生价值是我内心深处的愿望。所以,**我**恳请加入中国共产党。

为了规范自己的行为,指正思想的航向,**我**争取做到以下几点:

1. 思想上严格要求自己,平时多学有关党的理论知识,时刻与党中央保持一致,用一名党员的标准来要求自己,争取做到身未入党思想先入党。

2. 努力学习文化知识,争取每一科都达"优",为以后走上工作岗位打下坚实基础。

3. 积极参加学院、班级的各项活动,不论从组织到参加上,都尽量发挥自己的特长,真正起到先锋模范作用。

4. 在平时的日常生活中,时刻保持与同学的良好关系,热心主动帮助有困难的同学,同时要求自己朴素、节俭,发扬党的优良传统。

如果自己有幸成为一名党员,那将是**我**最大的荣幸,**我**将时刻牢记党员的责任,遵守党的纪律,严守党的秘密,认真履行党员的权利和义务,争做一名优秀党员。

此致

敬礼!

申请人:计算机 21-1 班张三

2021 年 9 月 1 日

图 4-5 实验效果图

五、单元小测试

【测试一】

在考生文件夹下打开文档"word 测试 1. docx",按照要求完成下列操作并以该文件名(word. docx)保存文件。具体要求如下：

1. 设置第一段落文字"第 35 次 CNNIC 报告：中国互联网络发展状况统计"为标题,字体设为"微软雅黑",二号字体,颜色为"深蓝,文字 2,深色 25%";设置第二段落文字"个人互联网应用普及状况"为副标题,字体设为"微软雅黑",三号字体,颜色为"深蓝,文字 2,淡色 40%";

2. 设置正文段间距为段前段后自动,行间距为 1.2 倍行距。

3. 设置第三至第九段文字,要求首行缩进 2 个字符。将第四段、第六段、第八段作为小标题,设置为斜体、加粗、红色、双下划线。

4. 将第四段、第六段、第八段标题以自动编号格式"一、二、……"进行编号。

【测试二】

对实验素材中的"word 测试 2. doc"进行编辑、排版,具体要求如下：

1. 文章增加标题"音乐与想象力",标题居中,设置为黑体三号红色字;正文各段(除倒数 6 行外)设置为宋体小四号字。

2. 标题行与正文间设置 1.5 行的段后间距,正文各段(除倒数 6 行外)设置为首行缩进 2 个字符,行间距设置为 1.3 倍行距。

3. 将文本的第一段与第三段互换位置。

4. 将文中所有的"想象力"改为红色、倾斜的"创造力",并添加波浪线。

(扫描本章二维码查看详细操作步骤视频)

六、实验思考题

1. 文件的"保存"和"另存为"命令的区别是什么？什么情况下"保存"时会自动弹出"另存为"对话框？什么情况下要用"另存为"命令？

2. 文中"回车符"的作用是什么？它也可以和文中一般的文字一样被插入或删除吗？

3. 如何使用格式刷多次复制同一格式？

实验 4.2　Word 2016 图文混排

一、实验要求

1. 掌握特殊字符的插入方法。
2. 掌握艺术字的使用。
3. 掌握首字下沉的设置方法。
4. 掌握文本框的使用及边框和底纹的设置方法。
5. 掌握简体繁体转换方法。
6. 掌握分栏的操作方法。
7. 掌握水印的设置方法。
8. 熟练掌握图片插入、编辑和格式化的方法。
9. 掌握页眉页脚的使用。

二、实验内容

案例 1：散文编辑

请根据老师下发的文档"徐州名片之云龙湖.docx"和相关素材完成编排任务，具体要求如下：

1. 在正文第一段第一句（"月亮渐渐升高了，我已站在了小南湖水街的望月桥头"）中插入特殊符号"☽"和"🏞"，其中"☽"放在"月亮"后面，"🏞"放在"水街"后面。

2. 给第一行添加标题"月光灯影里的云龙湖"，标题设为艺术字，样式为艺术字库中的第 1 行第 3 列，华文琥珀一号字；上下型环绕，对齐方式为水平居中；文本填充为渐变"从中心"；形状效果添加阴影"向上偏移"。

3. 将正文第二段"南"字设置为首字下沉，楷体，下沉 3 行，距正文 0.2 厘米。

4. 在正文第二段插入一个竖排文本框，文本框内容为"小南湖的桥"，字体设置为华文新魏二号字，四周型环绕，对齐文本为居中，参照实验实际效果图，适当调整文本框的大小（宽 1.5 厘米，高 4.4 厘米）与位置，边框颜色设置为"橙色，个性色 2"，并填充底纹为"渐变""线性对角—右上到左下"。

5. 把第一段文字"独上江楼思渺然，月光如水水如天。同来望月人何在？风景依稀似去年"转换为繁体。

6. 把正文第三段分成等宽三栏，加分割线。

7. 给文章添加文字水印"徐州名片"，字体隶书，字号 96，颜色为橙色，个性色 2，深色 25％，半透明，版式为斜式。

8. 在文中的第一段以四周型环绕的方式插入素材图片"夜景.jpg"，调整图片大小为高 3.8 厘米，宽 6.3 厘米。

9. 为文档添加页眉页脚，页眉输入内容"作者：燕然"，右对齐；页脚插入当前页码，普通数字 2，即"- 1 -"的形式，居中。

10. 保存后关闭本文档。

案例 2：创建 SmartArt 图形。

在 E 盘下以"你的班级学号姓名"命名的文件夹中(如"计算机 2021－1 班 22210001 张三"),新建一个名为"小南湖游览简易路线图. docx"的 Word 文档,利用 SmartArt,制作参观小南湖的简易游览路线图。

1. 布局选择"块循环"。

2. 添加两个形状,再依次键入内容:小南湖金山东路入口、荷塘鱼藕、石瓮倚月、南湖水街、鹤鸣阁、龙华桥、解忧桥。

3. 更改颜色为彩色,"彩色-个性色"。

4. 保存后关闭本文档。

三、实验步骤/操作指导

案例 1：散文编辑

1. 打开给定文档"徐州名片之云龙湖. docx",将光标定位到第一段第一句"月亮"两字后面,单击"插入"→"符号"组中的"符号"下拉列表框 Ω 符号▾ ,选择"其他符号",在打开的"符号"对话框中,单击"符号"选项卡,字体选择"Wingdings 2",在下拉框中找到"☽"符号,单击"插入"。将光标定位到"水街"两字后面,同样的方法打开"符号"对话框,字体选择"Webdings",在下拉框中找到"🏠"符号,单击"插入"。

2. 光标定位到文档最开始的地方,单击"插入"选项卡,选择"文本"组中的"艺术字"下拉列表框 A 艺术字 ,然后选择第 1 行第 3 列的样式"填充-红色,着色 2,轮廓-着色 2",输入标题文字"月光灯影里的云龙湖",选中文字,设置字体为"华文琥珀一号字"(步骤略);再单击艺术字四周虚线边框,将出现"绘图工具"选项卡,单击"格式"命令,选择"排列"组中的"环绕文字"下拉框 环绕文字 上和 ,选择其中的"上下型环绕",再单击"排列"组中的"对齐"下拉框 ⊨ 对齐▾ ,选择其中的"水平居中";选中艺术字框中的文字,依次单击"绘图工具"→"格式",选择"艺术字样式"组中的"文本填充",在下拉列表框 A 文本填充▾ 中,选择"渐变"→"变体"中的"从中心";选中艺术字框,依次单击"绘图工具"→"格式",选择"形状样式"组中的"形状效果",在下拉列表框 🔲 形状效果▾ 中,选择"阴影"→"外部"中的"向上偏移"。

提示：由于正文段落格式为固定行距 20 磅,首行缩进 2 个字符,因此插入的艺术字也沿用了这种段落格式,按上述步骤设置完后会发现艺术字没有居中且不能完整显示,可通过设置艺术字的段落格式为"单倍行距",特殊格式"无"来达到预想中的效果(具体操作略)。

3. 选中正文第二段的"南"字,然后单击"插入"→"文本"组中的"首字下沉"下拉框 A≣ 首字下沉 ,选择其中的"首字下沉选项",在打开的"首字下沉"对话框中,位置选择"下沉",选项中"字体"选择"楷体",下沉行数选择"3",距正文距离设置为"0.2 厘米",如图 4 - 6 所示。

图 4 - 6　首字下沉设置

4. 将光标定位到正文第二段,然后单击"插入"→"文本"组中的"文本框"下拉框 ![文本框]，选择"绘制竖排文本框",光标变成"➕"形状,按住鼠标左键向右下角拖拉,将出现一个竖排的文本框,在其中输入文字"小南湖的桥",并设置字体为"华文新魏"二号字。再依次单击"绘图工具"选项卡→"格式"命令→"排列"组中的"文字环绕"下拉框,选择其中的"四周型环绕",再单击"文本"组中的"对齐文本"下拉框 ![对齐文本]，选择其中的"居中",在"大小"组的"形状高度"文本框中输入"4.4 厘米",在"形状宽度"文本框中输入"1.5 厘米",适当调整文本框的位置。选中文本框,单击"形状样式"组中的"形状轮廓"下拉框 ![形状轮廓]，主题颜色选择第 1 行第 6 个,即"橙色,个性色 2",再单击同组中的"形状填充"下拉框 ![形状填充]，选择"渐变"→"变体"中的"线性对角-右上到左下"。

5. 选中第一段文字"独上江楼思渺然,月光如水水如天。同来望月人何在? 风景依稀似去年",单击"审阅"→"中文简繁转换"组中的"简转繁"。

6. 选中正文第三段,注意,段落标记符不要选中,然后单击"页面布局"→"页面设置"组中的"分栏"下拉框 ![分栏]，选择"更多分栏..."，打开"分栏"对话框,单击"预设"中的"三栏",选中"栏宽相等"和"分隔线"复选框,如图 4 - 7 所示,单击"确定"。

提示:给正文最后一段设置分栏操作时,为得到正确的操作结果,在选中最后一段文本时,不要把最后一个段落标记符选上。

图4-7 分栏设置

7. 单击"设计"→"页面背景"组中的"水印"下拉框 ,点击"自定义水印","水印"

对话框中选择"文字水印"单选按钮,语言选择"中文(中国)","文字"组合框中输入"徐州名片",字体选择"隶书",字号设为"96",颜色选择"橙色,个性色2,深色25%",选中"半透明"复选框,版式选择"斜式",如图4-8所示,单击"应用"或"确定"后关闭对话框。

图4-8 水印设置

8. 将光标定位到文中的第一段,依次单击"插入"→"插图"组中的"图片",打开"插入图片"对话框,在对话框中定位到素材图片所在的文件夹,选择"夜景.jpg"图片,单击"插入"。选中图片,菜单栏将出现"图片工具"和"格式"选项卡,单击"排列"组中的"环绕文字",选择"四周型环绕",移动图片到合适位置,然后单击"大小"组右下角的对话框启动器 大小 ,打开"布局"对话框,选择"大小"选项卡,取消选中"锁定纵横比"和"相对原始图片大小"前的复选框,然后设置"高度"为绝对值"3.8厘米","宽度"为绝对值"6.3

厘米",如图 4-9 所示,单击"确定"。

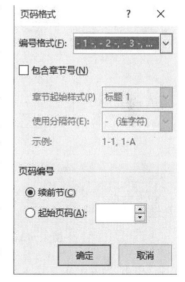

图 4-9　图片大小设置

提示:在设置图片的大小为指定大小时,应把"锁定纵横比"和"相对原始图片大小"复选框前的√去掉,否则图片将按原始图片的大小进行缩放并保持原有的纵横比,而得不到精确的指定高度和宽度。

9. 依次单击"插入"→"页眉和页脚"组中的"页眉"下拉框 ,选择"编辑页眉",光标将自动定位到当前文档的页眉处,输入文字"作者:燕然",单击"开始"→"段落"组中的"右对齐"按钮 。单击"页眉和页脚工具""设计"选项卡,再单击"导航"组中的"转至页脚"命令,光标将自动定位到当前文档的页脚处,单击"页眉和页脚"组中的"页码"下拉框 ,选择"页面底端"→"普通数字 2",并选择"设置页码格式",在编号格式中选择第二个样式,如图 4-10 所示。

图 4-10　页码格式设置

10. 单击快速访问工具栏中的"保存"按钮后关闭本文档。

案例 2:创建 SmartArt 图形。

1. 新建一个 word 文档,保存在 E 盘下以"你的班级学号姓名"命名的文件夹中(如"计算机 2021-1 班 22210001 张三"),文档命名为"小南湖游览简易路线图.docx"

依次单击"插入"→"插图"组中的 SmartArt 图标 ,在左侧选择框中单击"循环",在中级窗口单击第一行第三个,选择"块循环",单击"确定",如图 4-11 所示。

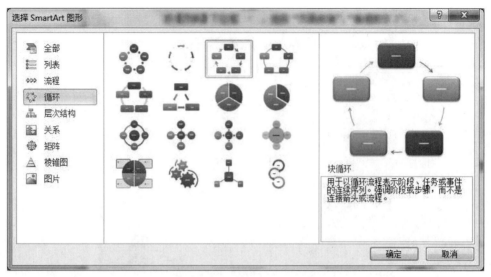

图 4-11　选择 SmartArt 图形

2. 单击"Smart Art 工具"下的"设计"选项卡,在"创建图形"栏里单击"添加形状" ![添加形状] ,就会添加一个新的文本内容,再单击一次。依次键入文本内容:小南湖金山东路入口、荷塘鱼藕、石瓮倚月、南湖水街、鹤鸣阁、龙华桥、解忧桥,如图 4-12 所示。

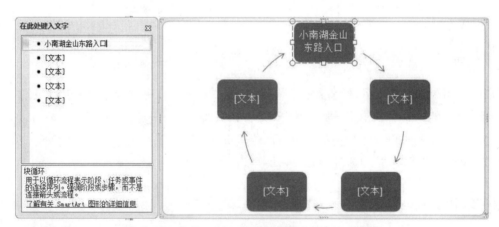

图 4-12　在 SmartArt 块循环图形中键入文本内容

3. 单击"Smart Art 工具"下的"设计"选项卡,在"SmartArt 样式"栏目里单击"更改颜色" ![更改颜色] ,在弹出的下拉菜单中选择"彩色"选项中的第一项"彩色—个性色"。

4. 单击快速访问工具栏中的"保存"按钮后关闭本文档。

(扫描本章二维码查看详细操作步骤视频)

四、实验效果图

本实验最终效果如图 4-13,4-14 所示。

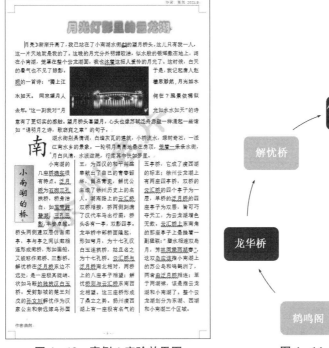

图 4 - 13　案例 1 实验效果图

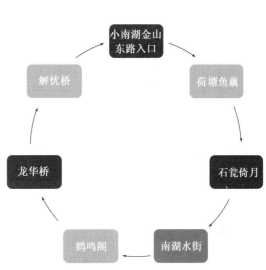

图 4 - 14　案例 2 实验效果图

五、单元小测验

【测试一】

应用艺术字、文本框、边框和底纹,插入图片等操作,在 word 文档中制作如测试一样例(图 4 - 15)所示封面。

具体要求:

1. 艺术字内容为"徐州欢迎你",形状填充颜色"绿色,个性色 6,淡色 80%",字体隶书,初号,文本填充颜色"金色,个性色 4",文本效果为"三维旋转""离轴 1 右",浮于文字上方。

2. 插入图片"云龙湖. jpg"(素材由老师给出),浮于文字上方。

3. 文本框内容为"山水徐州,人文彭城",字体华文新魏,二号,居中,文本填充"橙色,个性色 2,淡色60%",文本效果"三维旋转""前透视",形状填充"渐变,从中心",颜色

图 4 - 15　测试一样例

"金色,个性色4,淡色40％"。

参照测试一样例,适当调整艺术字、文本框和图片的位置。

【测试二】

请根据老师下发的文档"家园的早春.docx"和相关素材完成编排任务,具体要求如下:

1. 给第一行标题"家园的早春",标题设为艺术字,样式为艺术字库中的第3行第3列,华文琥珀小初号字;上下型环绕,对齐方式为左右居中。正文字体设为宋体,四号。

2. 将正文第二段"绿"字设置为首字下沉,隶书,下沉3行,距正文0.3厘米。

3. 把第二段文字"春风轻轻地吹拂"转换为繁体。

4. 把正文最后一段分成等宽两栏,加分隔线。

5. 给文章添加文字水印"散文欣赏",字体隶书,字号96,颜色为紫色的个性色数,淡色40％,半透明;版式为斜式。

6. 在文中的第三段以四周型环绕的方式插入素材图片"花开.jpg",调整图片大小为高3.8厘米,宽6.3厘米,设置透明色。

7. 为文档添加页眉页脚,页眉输入内容"word图文混排练习—你的名字"(如"word图文混排练习——张三"),居中对齐;页脚插入当前页码,普通数字3。

8. 在文末插入一个空白页,利用SmartArt,制作一个如图4-16所示显示春夏秋冬更替的流程图。"布局"为"循环"中的"圆箭头流程",添加一个形状,文本依次输入春夏秋冬,颜色设置为"彩色"—"彩色—个性色","SmartArt样式"为"细微效果"。

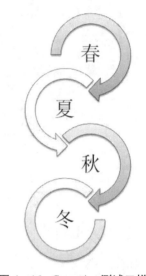

图4-16　SmartArt测试二样例

(扫描本章二维码查看详细操作步骤视频)

六、实验思考题

1. 文本框的作用是什么? 文本框可以没有边框吗?

2. 对最后一段分栏有什么注意事项?

3. 设置图片大小为指定大小时,有什么注意事项?

4. 如何设置图片水印?

实验 4.3　Word 2016 表格制作与邮件合并

一、实验要求

1. 掌握 word 的表格编辑功能。
2. 掌握 word 中表格的格式化、表格计算和排序。
3. 掌握邮件合并的含义。
4. 熟练使用邮件合并制作各类信件。

二、实验内容

【实验一】

利用 word 的表格编辑功能,制作学生成绩表。

1. 按图 4-17 所示建立表格,以文件名"学生成绩表—你的名字. docx"(如"学生成绩表—张三. docx")保存在 E 盘下以"你的班级学号姓名"命名的文件夹中(如"计算机 2021-1班 22210001 张三")。

学生成绩表

序号	姓名	高数	英语	计算机	总分
1	陈　强	82	91	81	
2	陈　浩	74	78	80	
3	陈小丁	77	86	81	
4	范涛涛	65	60	67	
5	李　永	94	83	87	
6	李璐璐	77	80	75	
7	李慧斌	70	75	73	

图 4-17　学生成绩表

2. 表标题"学生成绩表"设置为隶书,小二,居中,蓝色。标题行字体设置为黑体小四,居中,并添加"蓝色,个性色 1,淡色 60%"底纹。

3. 设置表格的行高为 0.8 厘米,列宽为 2 厘米。

4. 在表格的最后插入一个空白行,输入如下数据:"8 刘凯宇 89 76 81"。

5. 设置表格所有行的对齐方式为水平居中。

6. 在"总分"列的右边插入新的列,列标题为"平均分"。

7. 用公式计算"平均分"和"总分","平均分"保留 1 位小数,且"总分"按从高到低进行排序。

8. 给表格添加红色 1.5 磅单线外边框,蓝色 1 磅单线内边框,标题行底线设为 0.75磅绿色双线边框。

9. 保存后关闭本文档。

【实验二】

利用 word 邮件合并功能,制作学生成绩通知单。

1. 按图 4-18 所示制作主文档。标题格式为黑体,四号,加粗,居中;其他字体为宋体,小四;落款和日期右对齐。主文档以文件名"主文档—你的名字. docx"(如"主文档—张三. docx")保存在 E 盘下以"你的班级学号姓名"命名的文件夹中(如"计算机 2021-1 班 22210001 张三")。

2. 制作数据源。新建一个空白文档,复制【实验一】制作的表格(表标题不要复制),以文件名"数据源—你的名字. docx"(如"数据源—张三. docx")保存在 E 盘下以"你的班级学号姓名"命名的文件夹中(如"计算机 2021-1 班 22210001 张三")。

3. 完成邮件合并,结果文档以文件名"邮件合并结果—你的名字. docx"(如"邮件合并结果—张三. docx")保存在 E 盘下以"你的班级学号姓名"命名的文件夹中(如"计算机 2021-1 班 22210001 张三")。

图 4-18　主文档

三、实验步骤/操作指导

【实验一】

1. 打开 E 盘下以"你的班级学号姓名"命名的文件夹(如"计算机 2021-1 班 22210001 张三"),在空白处右键单击,选择"新建"→"Microsoft Word 文档",文件名键入"学生成绩表—你的名字. docx"(如"学生成绩表—张三. docx")。打开该文档,在首行输入"学生成绩表"。另起一行,单击"插入"→"表格",在弹出来的"插入表格"下拉列表框中向右下方拖曳鼠标,调出 6×8 的网格,在表格中按要求输入数据。

2. 选中表标题"学生成绩表",在"开始"选项卡"字体"组中按要求设置字体格式为隶书,小二,蓝色,并单击"居中"按钮 ≡。选中标题行,在"开始"选项卡"字体"组中按要求设置字体为黑体小四,居中,单击"表格工具"选项卡下的"设计"命令 ,在"表格样式"组中单击"底纹"下拉列表框 ,在"主题颜色"中选择"蓝色,个性色 1,淡色 60%"。

3. 方法一:光标定位到表格中后,单击表格最左上角的 图标,将选择整个表格,单击"表格工具"选项卡下的"布局"命令,在"单元格大小"组中,"表格行高"框中输入 0.8 厘米 0.8厘米 ,"表格列宽"框中输入 2 厘米 2厘米 。方法二:同样的方法选中整个表格,在选中的区域右键单击,在弹出的快捷菜单中选择"表格属性",将弹出来"表格属性"对话框,单击"行"选项卡,选中"指定高度"前面的复选框,然后在后面的文本框中输入"0.8厘米",如图 4 - 19 所示。再单击"列"选项卡,选中"指定宽度"前面的复选框,然后在后面的文本框中输入"2 厘米". 方法三:同样的方法选中整个表格,然后依次选择"表格工具"选项卡下的"布局"命令,单击"单元格大小"组右下角的对话框启动器 单元格大小 ,也将弹出来"表格属性"对话框,后面的操作同方法二。

4. 将光标置于表格最后一行的任一单元格中,单击"表格工具"选项卡下的"设计"命令,在"行和列"组中单击"在下方插入"命令,插入一空白行,然后在各单元格中依次输入"8 刘凯宇 89 76 81"即可。

5. 选中整个表格,单击"表格工具"选项卡下的"布局"命令,在"对齐方式"组中单击"水平居中"命令 ≡ 。

图 4 - 19　表格属性中设置行高和列宽

6. 把光标定位到"总分"这一列的上边界处,当光标变为向下的实心黑箭头时单击左键,即可选中"总分"这一列,在选中的区域右键单击,弹出来快捷菜单,选择"插入"→"在右侧插入列",然后输入列标题为"平均分"。

7. 把光标定位到"平均分"下的第一个空白单元格(单元格地址为 F2),单击"表格工具"选项卡下的"布局"命令,在"数据"组中单击"fx 公式"命令 ,将弹出来"公式"对话框,在"公式"一栏输入公式"＝AVERAGE(C2:E2)"(注:英文状态下的":",也可以输入公式"＝AVERAGE(LEFT)"),在"编号格式"一栏输入"0.0",如图 4 - 20(a)所示,单击"确定"。把光标定位到"总分"下的第一个空白单元格(单元格地址为 G2),用同样的方法打开"公式"对话框,输入公式"＝SUM(C2:E2)",如图 4 - 20(b)所示。

(a)　　　　　　　　　　　　　(b)

图 4 - 20　公式编辑

用同样的方法对其他单元格进行计算,注意函数的参数要进行相应的修改,如计算单元格"F3"的结果时,参数应改为"C3:E3",以此类推。

提示:其他常用的函数有 MIN(),MAX(),COUNT()等,公式以"＝"开始,表格中单元格的地址,列是以 A,B,C……进行编号,行是以 1,2,3,……进行编号,某个单元格的地址就是列号＋行号,如 F2,G2 等。

按"总分"排序的操作步骤:选中整张表格,单击"表格工具"选项卡下的"布局"命令,选择"数据"组中的"排序"命令 ,打开"排序"对话框,在对话框的"主要关键字"下拉列表框中选择"总分",单击"降序"单选按钮,最后单击"确定",如图 4 - 21 所示。

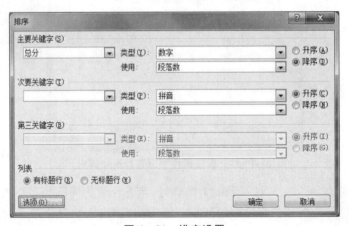

图 4 - 21　排序设置

8. 选中整个表格,单击"表格工具"选项卡下的"设计"命令,在"表格样式"组中单击"边框"下拉列表框,在弹出的下拉框中选择"边框和底纹…"命令,将打开"边框和底纹"对话框,在对话框中点击"边框"选项,"设置"下单击"方框"命令,样式中选择"单线"(第一个),颜色选择"红色",宽度选择"1.5 磅";用鼠标单击"设置"下的"自定义"命令,然后颜色选择"蓝色",宽度选择"1.0 磅",再单击"预览"图示中心位置,就可以在预览窗格中看到给表格添加了"红色,1.5 磅单线外边框,蓝色,1.0 磅单线内边框","应用于"选择"表格",再单击"确定"命令,如图 4 - 22 所示。

图 4-22　边框和底纹设置

选中标题行,同样的方法打开"边框和底纹"对话框,"样式"选择双线,"颜色"选择标准色"绿色",宽度选择"0.75 磅",然后单击"预览"下方图示中的底边框,"应用于"选择"单元格",再单击"确定"命令按钮。

9. 单击"快速访问工具栏"中的"保存"按钮,然后关闭本文档。

【实验二】

1. 打开 E 盘下以"你的班级学号姓名"命名的文件夹(如"计算机 2021-1 班 22210001 张三"),在空白处右键单击,选择"新建"→"Microsoft Word 文档",文件名键入"主文档—你的名字. docx"(如"主文档—张三. docx")。打开该文档,按要求录入文档内容。设置标题格式为黑体,四号,加粗,居中;其他字体为宋体,小四;落款和日期右对齐(具体操作步骤略)。

2. 同上述方法建立新文档,并按要求以指定文件名保存在指定文件夹中。打开同一文件夹下的"学生成绩表—你的姓名. docx"(如"学生成绩表—张三. docx"),选择文档中的整个表格(不要选中表标题),把它复制到刚才新建的"数据源—张三. docx"中,然后关闭本文档。

3. 切换到主文档,第一步,单击"邮件"选项卡,选择"开始邮件合并"组中的"开始邮件合并"下拉框 ,选择"邮件合并分布向导"命令,并选择页面最右边的"选择文档类型"中的"信函",单击下方的"下一步:开始文档";第二步,"选择开始文档"中单击"使用当前文档",并单击下方"下一步:选择收件人";第三步,单击"浏览",在弹出的"选取数据源"对话框中,定位到 E 盘下以"你的班级学号姓名"命名的文件夹(如"计算机 2021-1 班 22210001 张三"),选择第 2 题中创建的"数据源—张三. docx"文件,单击"打开"命令;第四步,单击"下一步:撰写信函";第五步,把光标定位到"同学"前面的横线处,在

中选择"其他项目",在"插入合并域"对话框中单击"姓名",同样的方法把"高

数""英语""计算机"等合并域插入到主文档中的对应位置,如图4-23所示;第六步,单击"下一步:预览信函",继续单击"下一步:完成合并";选择"编辑单个文档"命令,将打开"合并到新文档"对话框,如图4-24所示,选择"全部",单击"确定"。把结果文档按要求进行命名,并保存在指定文件夹下,保存步骤略。

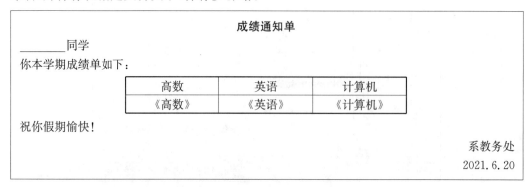

成绩通知单

_____同学

你本学期成绩单如下:

高数	英语	计算机
《高数》	《英语》	《计算机》

祝你假期愉快!

系教务处
2021.6.20

图4-23　在主文档中插入合并域

图4-24　合并到新文档

(扫描本章二维码查看详细操作步骤视频)

四、实验效果图

【实验一】最终效果如图4-25所示,【实验二】最终效果如图4-26所示。

学生成绩表

序号	姓名	高数	英语	计算机	总分	平均分
5	李　永	94	83	87	264	88.0
1	陈　强	82	91	81	254	84.7
8	刘凯宇	89	76	81	246	82.0
3	陈小丁	77	86	81	244	81.3
2	陈　浩	74	78	80	232	77.3
6	李璐璐	77	80	75	232	77.3
7	李慧斌	70	75	73	218	72.7
4	范涛涛	65	60	67	192	64.0

图4-25　【实验一】效果图

成绩通知单

李永 同学

你本学期成绩单如下：

高数	英语	计算机
94	83	87

祝你假期愉快！

系教务处

2021.6.20

成绩通知单

陈强 同学

你本学期成绩单如下：

高数	英语	计算机
82	91	81

祝你假期愉快！

系教务处

2021.6.20

图 4－26　【实验二】效果图

五、单元小测试

【测试一】

制作如图 4－27 所示表格。

招聘人员登记表

<table>
<tr><td>姓名</td><td colspan="2"></td><td>性别</td><td rowspan="5"></td></tr>
<tr><td>学历</td><td colspan="2"></td><td>婚否</td></tr>
<tr><td>毕业学校</td><td colspan="3"></td></tr>
<tr><td>专业</td><td colspan="3"></td></tr>
<tr><td>身份证号码</td><td></td><td colspan="2">联系电话</td></tr>
<tr><td>联系地址</td><td colspan="4"></td></tr>
<tr><td>现在工作单位</td><td colspan="4"></td></tr>
<tr><td>离职原因</td><td colspan="4"></td></tr>
<tr><td rowspan="6">简
历</td><td>起至时间</td><td colspan="2">学校/单位</td><td>专业/职务</td></tr>
<tr><td></td><td colspan="2"></td><td></td></tr>
<tr><td></td><td colspan="2"></td><td></td></tr>
<tr><td></td><td colspan="2"></td><td></td></tr>
<tr><td></td><td colspan="2"></td><td></td></tr>
<tr><td></td><td colspan="2"></td><td></td></tr>
</table>

图 4－27　【测试一】样例

【测试一】操作要求和要点:

1. 新建一个 Word 空白文档,在其中第一行键入"招聘人员登记表"文字,设置文字的字体为"楷体 GB2312",字号为"二号","加粗"并"居中"。

2. 单击"插入"→"表格"→"绘制表格"菜单命令,鼠标指针变成" 🖊 "的形状,拖动鼠标画出表格的外围边框。松开鼠标左键,创建表格。

3. 按照如图 4-28 所示绘制表格中的横线和竖线,如果需要擦除表格的某些线段,则单击"表格工具"选项卡下的"设计"命令,在"绘制表格"组中,单击按下"擦除"按钮 ，鼠标指针变成橡皮形状 🖉 。拖动鼠标,使鼠标指针经过要擦除的线段,松开鼠标左键,线段消失。

4. 绘制完成表格后,输入各个单元格的内容。然后选中表格,设置表格内容对齐方式为"水平居中",然后设置字体为"楷体 GB2312",字号为"小四号"

5. 选中表格右上角照片所在的单元格,设置该单元格的底纹为"白色,背景 1,深色 15%"。

6. 选中整个表格,单击"开始"选项卡"段落"组中的"居中"按钮,使表格位于文档的中央位置。

7. 文档以"word 测试 5. docx"命名,并保存到 E 盘下以"你的班级学号姓名"命名的文件夹中(如"计算机 2021-1 班 22210001 张三")。

图 4-28 　【测试一】样例表格边框

【测试二】

在考生文件夹下打开文档"word 测试 6. docx"

将最后五行转换为一个 5 行 5 列的表格,并设置外 1.5 磅,内 1 磅的表框线;第一列的列宽设为 2.5 厘米,其余各列的列宽设为 2 厘米;各行行高设置为 0.9 厘米,表格居中;表格内所有数据水平及垂直居中。

【测试三】

在考生文件夹下打开文档"word 测试 7. docx"。

某高校学生会计划举办一场"大学生网络创业交流会"的活动,拟邀请部分专家和老师给在校学生进行演讲。因此,校学生会外联部需制作一批邀请函,并分别递送给相关的专家和老师。

请按如下要求,完成邀请函的制作:

1. 调整文档版面,要求页面高度 18 厘米、宽度 30 厘米,页边距(上、下)为 2 厘米,页边距(左、右)为 3 厘米。

2. 将考生文件夹下的图片"背景图片.jpg"设置为邀请函背景。

3. 根据"Word—邀请函参考样式.docx"文件,调整邀请函中内容文字的字体、字号和颜色。

4. 调整邀请函中内容文字段落对齐方式。

5. 根据页面布局需要,调整邀请函中"大学生网络创业交流会"和"邀请函"两个段落的间距。

6. 在"尊敬的"和"(老师)"文字之间,插入拟邀请的专家和老师姓名,拟邀请的专家和老师姓名在考生文件夹下的"通讯录. xlsx"文件中。每页邀请函中只能包含 1 位专家或老师的姓名,所有的邀请函页面请另外保存在一个名为"Word—邀请函.docx"文件中。

7. 邀请函文档制作完成后,请保存"Word. docx"文件。

(扫描本章二维码查看详细操作步骤视频)

六、实验思考题

1. 在表格中使用公式时,如在学生张小明的总成绩单元格中输入"=SUB(LEET)"和使用"=SUB(B2:E2)"结果一样吗? 你认为使用哪种更方便? 为什么?

2. 如何对一个长表格设置重复标题?

3. 若数据源为 Excel 文件并且数据域有标题,当进行邮件合并的时候要注意什么?

4. 邮件合并这项功能在哪些情况下使用,试举例说明。

实验 4.4　Word 2016 综合应用

一、实验要求

1. 掌握页眉页脚的设置方法。
2. 掌握目录的设置方法。
3. 掌握页面设置的方法。
4. 掌握公式的编辑方法。
5. 掌握脚注和尾注的设置方法。
6. 掌握超链接的设置方法。

二、实验内容

【实验一】

把给定的素材"毕业论文原始素材.docx",另存为"毕业论文操作结果.docx",参照实验步骤,制作一篇格式规范的毕业论文。

1. 对文件进行页面设置,具体要求:纸型为 A4;上、下、左、右页边距,2 厘米;页眉,1.5 厘米,页脚,1.75 厘米;装订线,0.5 厘米,装订线位置左。

2. 在正文前另起一页,输入"目录","目录"两字要求设置为三号,黑体,居中,"目录"两字之间空四格,段后空一行。另起一行自动生成三级目录,一级目录宋体小四号加粗,二三级目录宋体小四号,行间距固定值 18 磅。

3. 设置论文的页眉页脚,具体要求:从正文开始,页眉内容为"中国矿业大学徐海学院 2021 届毕业设计(论文)",居中对齐,小五号字体;页脚内容为页码,右对齐。

【实验二】

给定素材"学术论文原始素材.docx",参照实验步骤,完成下列操作:

1. 在正文"公式 1"的下一行编辑公式:

$$A(n) = \sum_{i=1}^{n+1} p_i t_i = \frac{(n+1)q}{2} + (1-q)n$$

2. 为论文标题下的作者设置尾注,尾注内容为"作者简介:周海燕,1982 年 7 月,中国矿业大学徐海学院计算机系教师,研究方向为数据库应用技术"。

3. 把参考文献部分的"http://struts.apache.org/"设置为超链接,链接到对应网站。

三、实验步骤/操作指导

【实验一】

1. 先按要求进行页面设置,步骤如下:

单击"布局",然后单击"页面设置"组右下角的对话框启动器命令

页面设置 　　　　　　　　　　　　　　,弹出"页面设置"对话框,单击"页边距"选项卡,将页边距设置为上,下,左,右 2cm;装订线 0.5 厘米,装订线位置左,如图 4-29(a)所示;单击"纸

张"选项卡,"纸张大小"选择"A4",如图 4-29(b)所示;单击"版式"选项卡,设置页眉 1.5 厘米,页脚 1.75 厘米(默认值),如图 4-29(c)所示,三项设置都选"应用于整篇文档",单击"确定"。

提示:① 文档的不同部分使用不同的页眉和页脚时,有时需要选中"版式"→"页眉和页脚"下的两个复选框"奇偶页不同"或"首页不同";

② "文档网格"选项卡下可设置每页多少行,每行多少个字符,读者可自行练习设置。

2. 设置论文的目录步骤如下:

因为要求生成三级目录,所以在生成论文的目录之前,要先按要求设置好章节标题的大纲级别。

(1) 选中每章的标题("1 绪论","2 需求分析与可行性研究"……),执行"开始"→"样式"组中的"标题 1"命令 ;也可在"开始"→"段落"对话框中,将其大纲级别设为 1 级;同理选中每小节的标题("1.1 课题研究背景和意义、1.2 国内外研究现状、水平和发展趋势"等),将其设置为"标题 2",即大纲级别设为 2 级;再选中每个目的标题("2.1.1 游戏功能概述、2.1.2 系统整体操作流程"等),将其设置为"标题 3",即大纲级别设为 3 级。

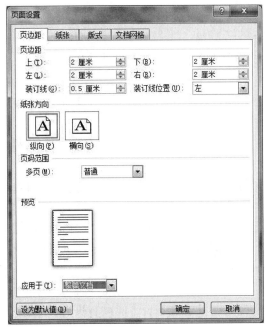

(a) 页边距设置

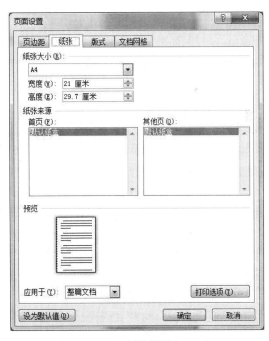

(b) 纸张设置

(c) 版式设置

图 4 - 29 页面设置

(2) 将鼠标定位在正文第一个字"1"的左侧,执行"布局"→"页面设置"组中的"分隔符"下拉框 ⊟分隔符 ▾ ,选择"分节符"下面的"下一页"命令,产生一个空白页,用来插入目录。

提示:执行"插入"→"分页"或"空白页"命令,也可产生一个空白页,但没有分节。在文档的不同章节使用不同的页眉和页脚时,一般都需要把不同的章节单独设立成节,才可以各自设置不同的页眉和页脚。

(3) 在新产生的页的第一行输入"目录"两个字,并设置为三号,黑体,居中,"目录"两字空四格、段后空一行。

(4) 在新产生的页的第二行单击鼠标,并执行"引用"→目录组中的"目录"下拉列表框→"自定义目录"命令,弹出目录对话框,如图 4 - 30 所示。

(5) 按要求设置目录中各级标题的格式:选中一级标题("1 绪论""2 需求分析与可行性研究"……),设置为宋体小四号加粗;选中二三级标题设置为宋体小四号;生成的目录设置为行间距固定值 18 磅。

3. 设置论文的页眉页脚

毕业设计的页眉和页码是从正文开始的,也就是说目录这一页不能设有页眉和页脚。

(1) 设置页眉具体操作步骤如下:

将光标定位在正文第一页,执行"插入"→"页眉和页脚"组中的"页眉"命令,编辑页眉,将显示"页眉和页脚"。由于在第 2 步设置目录时,插入了一个分节符,因此论文被分成了"目录"和"正文"两节,单击"页眉和页脚"设计命令,取消"导航"组中"链接到前一条页眉" ⊟ 链接到前一条页眉 的选中状态,这样就可以分别设置这两节的页眉。在当前正文(第二节)的页眉部分输入"中国矿业大学徐海学院 2021 届毕业设计(论文)",如图 4 - 31

所示。单击"关闭页眉和页脚"命令即可。

图 4－30　目录对话框

图 4－31　页眉设置

（2）设置页脚具体操作步骤如下：

单击正文的第一页,执行"插入"→"页眉和页脚"组中的"页码"下拉框,选择"页面底端"下的"普通数字 3"样式,将显示"页眉和页脚工具",这时页脚部分自动插入了页码 2。页码要求从正文第一页开始,因此需要设置页码的格式。单击当前工具栏"页眉和页脚"组中的"页码"下拉框,选择"设置页码格式"命令,打开"页码格式"对话框,页码编号选择"起始页码"单选按钮,并在文本框中输入"1",如图 4－32 所示。然后单击"关闭页眉和页脚"命令即可。

图 4－32　页码格式对话框

【实验二】

1. 把光标定位到正文"公式 1"的下一行,执行"插入"→"符号"组中的"公式"下拉框

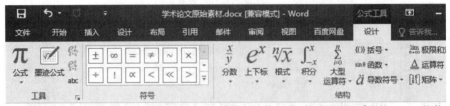

，选择"插入新公式"命令，将显示"公式工具"，光标所在位置出现"在此处键入公式。"，如图4-33所示，利用"公式工具"→"设计"中提供的符号和结构，按要求编辑公式。

$$A(n) = \sum_{i=1}^{n+1} p_i\, t_i = \frac{(n+1)q}{2} + (1-q)n$$

据用户角色的不同及其请求操作的不同来进行相应的调度，然后再选择适当的 view 把处…
返回给用户。
公式1：
在此处键入公式。

图4-33　插入公式

提示：本公式编辑时要用到的结构主要是"大型运算符"，"上下标"及"分数"。

注意：当公式不能完全显示时，设置段落为单倍行距。

2. 选中标题下的作者，执行"引用"→"脚注"组中的"插入尾注"命令，光标将定位到文档的最后，输入尾注内容"作者简介：周海燕，1982年7月，中国矿业大学徐海学院计算机系教师，研究方向为数据库应用技术"。

3. 选中参考文献部分的文字"http://struts.apache.org/"，执行"插入"→"链接"组中的"超链接"命令，打开"插入超链接"对话框，按如图4-34所示进行设置，单击"确定"。

图4-34　超链接对话框

（扫描本章二维码查看详细操作步骤视频）

四、实验效果图

【实验一】最终效果如图 4 - 35 所示,【实验二】最终效果如图 4 - 36 所示。

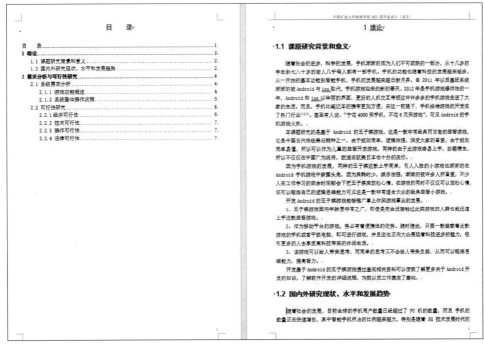

图 4 - 35　【实验一】最终效果图

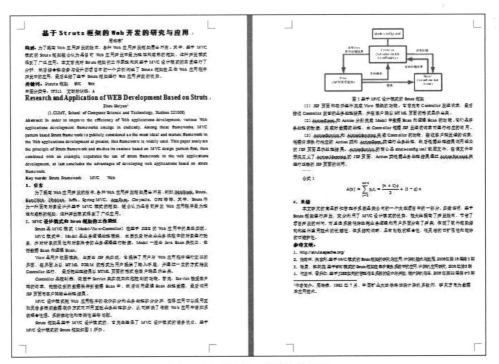

图 4 - 36　【实验二】最终效果图

五、单元小测试

【测试一】

1. 对 Word 所学的知识进行总结性的应用实验。

2. 掌握文字的格式设置方法。

3. 掌握图文混排使用。

4. 理解分节的概念和用途。

5. 掌握目录的插入与更新。

【测试二】(全国计算机等级考试二级 MS Office 真题)

请根据考生文件夹下的文档"需求评审会.docx"和相关素材完成编排任务,具体要求如下:

1. 将素材文件"需求评审会.docx"另存为"评审会会议秩序册.docx",并保存于考生文件夹下,以下的操作均基于"评审会会议秩序册.docx"文档进行。

2. 设置页面的纸张大小为 16 开,页边距上下为 2.8 厘米、左右为 3 厘米,并指定文档每页为 36 行。

3. 会议秩序册由封面、目录、正文三大块内容组成。其中,正文又分为四个部分,每部分的标题均已经以中文大写数字一、二、三、四进行编排。要求将封面、目录以及正文中包含的四个部分分别独立设置为 Word 文档的一节。页码编排要求:封面无页码;目录采用罗马数字编排;正文从第一部分内容开始连续编码,起始页码为1(如采用格式-1-),页码设置在页脚右侧位置。

4. 按照素材中"封面.jpg"所示的样例,将封面上的文字"北京计算机大学《学生成绩管理系统》需求评审会"设置为二号、华文中宋;将文字"会议秩序册"放置在一个文本框中,设置为竖排文字、华文中宋、小一;将其余文字设置为四号、仿宋,并调整到页面合适的位置。

5. 将正文中的标题"一、报到、会务组"设置为一级标题,单倍行距、悬挂缩进 2 字符、段前段后为自动,并以自动编号格式"一、二、……"替代原来的手动编号。其他三个标题"二、会议须知""三、会议安排""四、专家及会议代表名单"格式,均参照第一个标题设置。

6. 将第一部分("一、报到、会务组")和第二部分("二、会议须知")中的正文内容设置为宋体五号字,行距为固定值 16 磅,左、右各缩进 2 字符,首行缩进 2 字符,对齐方式设置为左对齐。

7. 参照素材图片"表 1.jpg"中的样例完成会议安排表的制作,并插入到第三部分相应位置中,格式要求:合并单元格、序号自动排序并居中、表格标题行采用黑体。表格中的内容可从素材文档"秩序册文本素材.docx"中获取。

8. 参照素材图片"表 2.jpg"中的样例完成专家及会议代表名单的制作,并插入到第四部分相应位置中。格式要求:合并单元格、序号自动排序并居中、适当调整行高(其中样例中彩色填充的行要求大于 1 厘米)、为单元格填充颜色、所有列内容水平居中、表格标题行采用黑体。表格中的内容可从素材文档"秩序册文本素材.docx"中获取。

9. 根据素材中的要求自动生成文档的目录,插入到目录页中的相应位置,并将目录内容设置为四号字。

【测试三】（全国计算机等级考试二级 MS Office 真题）

文档"北京政府统计工作年报.docx"是一篇从互联网上获取的文字资料,请打开该文档并按下列要求进行排版及保存操作:

1. 将文档中的西文空格全部删除。

2. 将纸张大小设为 16 开,上边距设为 3.2 厘米、下边距设为 3 厘米,左右页边距均设为 2.5 厘米。

3. 利用素材前三行内容为文档制作一个封面页,令其独占一页(参考样例见文件"封面样例.png")。

4. 将标题"(三)咨询情况"下用蓝色标出的段落部分转换为表格,为表格套用一种表格样式使其更加美观。基于该表格数据,在表格下方插入一个饼图,用于反映各种咨询形式所占比例,要求在饼图中仅显示百分比。

5. 将文档中以"一、""二、"……开头的段落设为"标题 1"样式;以"(一)""(二)"……开头的段落设为"标题 2"样式;以"1、""2、"……开头的段落设为"标题 3"样式。

6. 为正文第 3 段中用红色标出的文字"统计局队政府网站"添加超链接,链接地址为"http://www.bjstats.gov.cn/"。同时在"统计局队政府网站"后添加脚注,内容为"http://www.bjstats.gov.cn"。

7. 将除封面页外的所有内容分为两栏显示,但是前述表格及相关图表仍需跨栏居中显示,无须分栏。

8. 在封面页与正文之间插入目录,目录要求包含标题第 1～3 级及对应页号。目录单独占用一页,且无须分栏。

9. 除封面页和目录页外,在正文页上添加页眉,内容为文档标题"北京市政府信息公开工作年度报告"和页码,要求正文页码从第 1 页开始,其中奇数页眉居右显示,页码在标题右侧,偶数页眉居左显示,页码在标题左侧。

10. 将完成排版的文档先以原 Word 格式即文件名"北京政府统计工作年报.docx"进行保存,再另行生成一份同名的 PDF 文档进行保存。

【测试四】（全国计算机等级考试二级 MS Office 真题）

在考生文件夹下打开文档"word.docx",按照要求完成下列操作并以该文件名(word.docx)保存文档。

某高校为了丰富学生的课余生活,开展了艺术与人生论坛系列讲座,校学工处将于 2018 年 12 月 20 日 14∶00—16∶00 在校国际会议中心举办题为"大学生形象设计"的讲座。

请根据上述活动的描述,利用 Microsoft Word 制作一份宣传海报(宣传海报的参考样式请参照"word—海报参考样式.docx"文件),要求如下:

1. 调整文档版面,要求页面高度为 20 厘米,页面宽度为 16 厘米,页边距(上、下)为 5 厘米,页边距(左、右)为 3 厘米,并将考生文件夹下的图片"word-海报背景图片.jpg"设置为海报背景。

2. 根据"word-海报参考样式.docx"文件,调整海报内容文字的字号、字体和颜色。

3. 根据页面布局需要,调整海报内容中"报告题目""报告人""报告日期""报告时间""报告地点"信息的段落间距。

4. 在"报告人:"位置后面输入报告人姓名(郭云)。

5. 在"主办:校学工处"位置后另起一页,并设置第2页的页面纸张大小为A4篇幅,纸张方向设置为"横向",页边距为"普通"页边距。

6. 在新页面的"日程安排"段落下面,复制本次活动日程安排表(请参照"Word—活动日程安排.xlsx"文件),要求表格内容引用Excel文件中的内容,若Excel文件中内容发生变化,Word文档中的日程安排信息也随之发生变化。

7. 在新页面的"报名流程"下面,利用SmartArt,制作本次活动的报名流程(学工处报名、确认座席、领取资料、领取门票)。

8. 插入报告人照片为考生文件夹下的"Pic2.jpg"照片,将该照片调整到适当位置,并不要遮挡文档中的文字内容。

9. 保存本次活动的宣传海报设计为"word.docx"。

(扫描本章二维码查看详细操作步骤视频)

六、实验思考题

1. 创建目录的前提是什么? 当需要修改某级标题的格式(如字体、字号、段前段后间距、行间距等)时,只需怎样做,就能使文档中所有该级标题的格式都随之更新? 而不必逐条手动修改,或是用格式刷逐条去刷?

2. 分节符有什么作用? 文中如果没有分节,是否可完成在同一文档中不同种页码的设置?

3. 如何在文档中添加引用内容?

"微信扫码"

相关资源 & 拓展阅读

第 5 章　Excel 2016 的使用

本章实验内容为 Excel 电子表格处理，主要包括工作簿的基本操作、工作表的建立与编辑、公式计算、工作表的格式化、图表的创建与编辑、数据排序、数据筛选以及数据的分类汇总等内容。最后设计了两个 Excel 综合实验，目的是考查学生综合应用 Excel 2016 软件进行电子表格的建立、编辑与数据分析管理等能力。

实验 5.1　Excel 2016 工作表的编辑与数据计算

一、实验要求

1. 掌握 Excel 工作簿的建立、保存与打开。

2. 掌握工作表的基本操作：新建、移动、复制、删除及重命名等。

3. 掌握工作表的编辑：输入数据、自动填充数据、数据验证设置、单元格的选择、单元格内容的移动、复制与删除、单元格、行或列的插入与删除。

4. 熟练掌握工作表中数据的计算：使用公式和函数。

二、实验内容

案例：工资表的编辑与数据计算

题目要求：

1. 新建一个 Excel 文档，保存到 E 盘以"你的姓名"命名的文件夹下，Excel 文档以"Excel 练习. xlsx"命名。

2. 按照图 5-1 所示，建立"工资表"，并将"工资表"标签颜色设置为红色。

3. 将"张一清"行和"孙晓"行互换。

4. 对"性别"列的数据设置数据验证，使该列只能输入男或女，当输入别的任何字符时，弹出错误提示框，如图 5-2 所示。

5. 在"艾歌"行后插入一条新的记录，内容依次为"李梦 女 1982/7/16 2005/7/2 400 200 100 90"。

6. 在"工资表"中计算工资合计，计算方法：基本工资＋职务津贴＋出勤津贴＋山区补贴。

7. 在"工资表"中分别对基本工资、职务津贴、出勤津贴、山区补贴、工资合计进行求和计算，计算结果放在对应位置。

8. 在"工资表"中分别求基本工资、职务津贴、出勤津贴、山区补贴、工资合计的最大值，计算结果放在对应位置。

	A	B	C	D	E	F	G	H	I	J
1	姓名	性别	出生日期	工作时间	基本工资	职务津贴	出勤津贴	山区补贴	工资合计	培训与否
2	张一清	男	1968/2/16	1990/7/1	780	400	210	120		
3	李南	女	1973/3/27	1995/8/2	670	320	150	100		
4	王红云	女	1965/7/18	1987/7/9	820	430	220	110		
5	胡东	男	1959/6/20	1978/1/3	1020	510	250	130		
6	刘可	女	1978/10/11	2001/8/10	450	230	120	88		
7	董艺	女	1972/6/22	1997/9/1	630	300	140	95		
8	孙晓	男	1964/11/25	1985/8/10	950	480	240	140		
9	艾歌	男	1970/3/5	1993/4/5	750	250	130	90		
10	东方一亮	男	1966/1/17	1987/9/1	900	460	235	135		
11	汪凌寒	女	1976/8/24	2000/9/8	590	270	135	92		
12				小计						
13				最大值						
14				最小值						
15				平均值						
16				各项占总工资比例						

图 5-1　原始数据样张

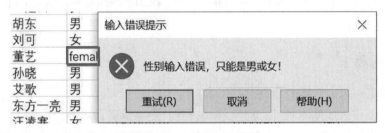

图 5-2　输入错误提示框

9. 在"工资表"中分别求基本工资、职务津贴、出勤津贴、山区补贴、工资合计的最小值,计算结果放在对应位置。

10. 在"工资表"中分别求基本工资、职务津贴、出勤津贴、山区补贴、工资合计的平均值,计算结果放在对应位置。

11. 在"工资表"中分别求基本工资、职务津贴、出勤津贴、山区补贴小计在总工资合计中所占比例,计算结果放在对应位置。

12. 在"工资表"中分别求每位职工是否需要参加培训,工作时间在 2000 年(包含 2000 年)之后的都应参加培训。

13. 插入一张新的工作表,把学生成绩表中的 A1:J12 内容复制到该表中,并把该表重命名为"工资分析统计表"。

14. 完成上述要求保存后退出 Excel 2016。

三、实验步骤/操作指导

1. 依次单击"开始"菜单,选择"所有程序"→ "Microsoft Office Excel 2016",启动 Excel 2016 后,系统会自动创建一个名为"工作簿 1"的空白工作簿,单击"文件"菜单下的"保存"命令,弹出"另存为"窗口,然后单击"浏览"按钮,在弹出的"另存为"对话框的文件名输入框中输入"Excel 练习",并将文件保存位置设置为 E 盘下以自己姓名命名的文件夹,单击"保存"按钮即可。

2. 按照图 5-1 所示原始数据内容,在 Sheet1 中输入数据,然后把 Sheet1 重命名为

"工资表"。Sheet1 重命名为"工资表"的具体操作步骤：双击 Sheet1 标签或在 Sheet1 标签上单击鼠标右键后选择重命名，"Sheet1"高亮显示后输入"工资表"，鼠标单击其他位置即可确认输入。设置标签颜色的步骤：在工资表标签上右键单击，在弹出的快捷菜单中将光标放在"工作表标签颜色"处，在颜色选择器中选中标准色中的红色。

3. 可分解成为以下几个步骤：

（1）右键单击行号 3，在弹出的快捷菜单中选择"插入"命令，即可在"张一清"行后插入一空白行；

（2）右键单击"孙晓"行对应的行号，在弹出的快捷菜单中选择"剪切"命令，然后把光标定位在刚才插入的空白行的第一个单元格，执行粘贴操作，即可把"孙晓"行置于"张一清"行后；

（3）同样把"张一清"行剪切后粘贴到当前的空白行（即原来"孙晓"行所在位置）；

（4）把当前空白行（即原来"张一清"行所在位置）删除。

4. 选中性别列区域 B2:B11，选择"数据"选项卡下的"数据工具"，在其选项组中选择"数据验证"按钮下的"数据验证"命令，打开数据验证对话框，单击"设置"选项卡，从"允许"下拉列表中选择"序列"命令，在"来源"文本框中依次输入序列值"男,女"，每个值之间使用西文逗号分隔，如图 5-3 所示。

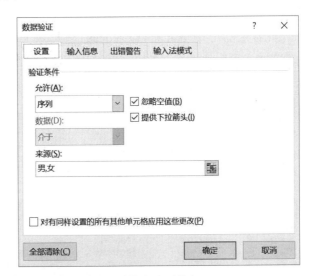

图 5-3　将有效性条件设置为按指定序列输入

设置输入错误提示语：单击"出错警告"选项卡，首先确保"输入无效数据时显示出错警告"复选框被选中，从"样式"下拉列表中选择"停止"，在右侧的"标题"框中输入"输入错误提示"，在"错误信息"框中输入"性别输入错误，只能是男或女！"，如图 5-4(a)所示。设置完毕，单击"确定"按钮，退出对话框。单击 B2 单元格，右侧出现一个下拉箭头。单击该下拉箭头，从下拉列表中选择"男"。在 B3 单元格中输入"female"，按回车键后将会出现提示信息，如图 5-4(b)所示。

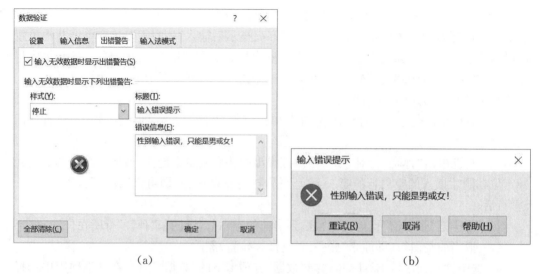

(a)   (b)

图 5 - 4　为数据验证设置出错警告信息

5. 右键单击"东方一亮"行对应的行号,在弹出的快捷菜单中选择"插入"命令,即可在"艾歌"行后插入一空白行,然后在该行中依次输入"李梦 女 1982/7/16 2005/7/2 400 200 100 90"。

6. 把光标定位在 I2 单元格,输入公式"＝E2＋F2＋G2＋H2"(或直接执行求和操作),按回车键或单击编辑栏上的"✔"按钮确认输入后,该单元格中将显示计算结果,然后按住 I2 单元格右下角的填充柄,向下拖动至 I12 单元格后释放,如图 5-5 所示。

	H2	▾	:	×	✔	fx	=E2+F2+G2+H2			
	A	B	C	D	E	F	G	H	I	J
1	姓名	性别	出生日期	工作时间	基本工资	职务津贴	出勤津贴	山区补贴	工资合计	培训与否
2	孙晓	男	1964/11/25	1985/8/10	950	480	240	140	=E2+F2+G2+H2	
3	李南	女	1973/3/27	1995/8/2	670	320	150	100		
4	王红云	女	1965/7/18	1987/7/9	820	430	220	110		
5	胡东	男	1959/6/20	1978/1/3	1020	510	250	130		
6	刘可	女	1978/10/11	2001/8/10	450	230	120	88		
7	董艺	女	1972/6/22	1997/9/1	630	300	140	95		
8	张一清	男	1968/2/16	1990/7/1	780	400	210	120		
9	艾歌	男	1970/3/5	1993/4/5	750	250	130	90		
10	李梦	女	1982/7/16	2005/7/2	400	200	100	90		
11	东方一亮	男	1966/1/17	1987/9/1	900	460	235	135		
12	汪凌寒	女	1976/8/24	2000/9/8	590	270	135	92		
13				小计						
14				最大值						
15				最小值						
16				平均值						
17				各项占总工资比例						

图 5 - 5　利用公式计算工资合计

7. 把光标定位在 E13 单元格中,单击"开始"选项卡中"编辑"选项组中的"自动求和"下拉按钮,在其下拉菜单中选择"自动求和",E13 单元格中将出现"＝SUM(E2:E12)",按回车键或单击编辑栏上的"✔"按钮确认输入后,该单元格中将显示计算结果,然后按住 E13 单元格右下角的填充柄,向右拖动至 I13 单元格后释放,以基本工资求和为例,如图

5 - 6 所示。

	A	B	C	D	E	F	G	H	I	J
1	姓名	性别	出生日期	工作时间	基本工资	职务津贴	出勤津贴	山区补贴	工资合计	培训与否
2	孙晓	男	1964/11/25	1985/8/10	950	480	240	140	1810	
3	李南	女	1973/3/27	1995/8/2	670	320	150	100	1240	
4	王红云	女	1965/7/18	1987/7/9	820	430	220	110	1580	
5	胡东	男	1959/6/20	1978/1/3	1020	510	250	130	1910	
6	刘可	女	1978/10/11	2001/8/10	450	230	120	88	888	
7	董艺	女	1972/6/22	1997/9/1	630	300	140	95	1165	
8	张一清	男	1968/2/16	1990/7/1	780	400	210	120	1510	
9	艾歌	男	1970/3/5	1993/4/5	750	250	130	90	1220	
10	李梦	女	1982/7/16	2005/7/2	400	200	100	90	790	
11	东方一亮	男	1966/1/17	1987/9/1	900	460	235	135	1730	
12	汪凌寒	女	1976/8/24	2000/9/8	590	270	135	92	1087	
13				小计	=SUM(E2:E12)					
14				最大值	SUM(**number1**, [number2], ...)					
15				最小值						
16				平均值						
17				各项占总工资比例						

图 5 - 6　利用求和函数 SUM 计算基本工资小计

8. 把光标定位在 E14 单元格中,单击"开始"选项卡中"编辑"选项组中的"自动求和"下拉按钮,在弹出的下拉列表框中选择"最大值"函数,如图 5 - 7 所示,E14 单元格中将出现"＝MAX(E2:E13)",将计算区域修改为 E2:E12 后,按回车键或单击编辑栏上的"✓"按钮确认输入,该单元格中将显示计算结果,然后按住 E14 单元格右下角的填充柄,向右拖动至 I14 单元格后释放。

图 5 - 7　选择最大值函数

	A	B	C	D	E	F	G	H	I	J
1	姓名	性别	出生日期	工作时间	基本工资	职务津贴	出勤津贴	山区补贴	工资合计	培训与否
2	孙晓	男	1964/11/25	1985/8/10	950	480	240	140	1810	
3	李南	女	1973/3/27	1995/8/2	670	320	150	100	1240	
4	王红云	女	1965/7/18	1987/7/9	820	430	220	110	1580	
5	胡东	男	1959/6/20	1978/1/3	1020	510	250	130	1910	
6	刘可	女	1978/10/11	2001/8/10	450	230	120	88	888	
7	董艺	女	1972/6/22	1997/9/1	630	300	140	95	1165	
8	张一清	男	1968/2/16	1990/7/1	780	400	210	120	1510	
9	艾歌	男	1970/3/5	1993/4/5	750	250	130	90	1220	
10	李梦	女	1982/7/16	2005/7/2	400	200	100	90	790	
11	东方一亮	男	1966/1/17	1987/9/1	900	460	235	135	1730	
12	汪凌寒	女	1976/8/24	2000/9/8	590	270	135	92	1087	
13				小计	7960	3850	1930	1190	14930	
14				最大值	=MAX(E2:E12)					
15				最小值	MAX(**number1**, [number2], ...)					
16				平均值						
17				各项占总工资比例						

图 5 - 8　修改最大值函数的参数

9. 把光标定位在 E15 单元格中,单击"开始"选项卡中"编辑"选项组中的"自动求和"下拉按钮,在弹出的下拉列表框中选择"最小值"函数,方法和"最大值"函数类似。E15 单元格中将出现"＝MIN(E2:E14)",将计算区域修改为 E2:E12 后,按回车键或单击编辑栏上的"✔"按钮确认输入,该单元格中将显示计算结果,然后按住 E15 单元格右下角的填充柄,向右拖动至 I15 单元格后释放。

10. 把光标定位在 E16 单元格中,单击"开始"选项卡中"编辑"选项组中的"自动求和"下拉按钮,在弹出的下拉列表框中选择"平均值"函数,E16 单元格中将出现"＝AVERAGE(E2:E15)",将计算区域修改为 E2:E12 后,按回车键或单击编辑栏上的"✔"按钮确认输入,该单元格中将显示计算结果,然后按住 E16 单元格右下角的填充柄,向右拖动至 I16 单元格后释放。

11. 把光标定位在 E17 单元格中,在该单元格中输入公式"＝E13/＄I＄13",按回车键或单击编辑栏上的"✔"按钮确认输入,该单元格中将显示计算结果,然后按住 E17 单元格右下角的填充柄,向右拖动至 I17 单元格后释放(注意绝对引用与相对引用的区别),如图 5-9 所示。

	A	B	C	D	E	F	G	H	I	J
1	姓名	性别	出生日期	工作时间	基本工资	职务津贴	出勤津贴	山区补贴	工资合计	培训与否
2	孙晓	男	1964/11/25	1985/8/10	950	480	240	140	1810	
3	李南	女	1973/3/27	1995/8/2	670	320	150	100	1240	
4	王红云	女	1965/7/18	1987/7/9	820	430	220	110	1580	
5	胡东	男	1959/6/20	1978/1/3	1020	510	250	130	1910	
6	刘可	女	1978/10/11	2001/8/10	450	230	120	88	888	
7	董艺	女	1972/6/22	1997/9/1	630	300	140	95	1165	
8	张一清	男	1968/2/16	1990/7/1	780	400	210	120	1510	
9	艾歌	男	1970/3/5	1993/4/5	750	250	130	90	1220	
10	李梦	女	1982/7/16	2005/7/2	400	200	100	90	790	
11	东方一亮	男	1966/1/17	1987/9/1	900	460	235	135	1730	
12	汪凌寒	女	1976/8/24	2000/9/8	590	270	135	92	1087	
13				小计	7960	3850	1930	1190	14930	
14				最大值	1020	510	250	140	1910	
15				最小值	400	200	100	88	790	
16				平均值	723.636	350	175.455	108.182	1357.27	
17				各项占总工资比例	=E13/I13					

图 5-9　利用单元格的绝对引用方式输入公式

12. 把光标定位在 J2 单元格中,在该单元格中输入公式"＝IF(YEAR(D2)＞＝2000,"是","否")"(注意,公式中的符号必须为英文符号),按回车键或单击编辑栏上的"✔"按钮确认输入,该单元格中将显示计算结果,然后按住 J2 单元格右下角的填充柄,向下拖动至 J12 单元格后释放,如图 5-10 所示。

13. 插入一张新的工作表(具体步骤参照理论教材"7.2.2 工作表的基本操作"一节),把该表重命名为"工资分析统计表"(同本实验第 2 小题步骤)。在"工资表"中选择A1:J12 单元格区域,执行复制操作(按 CTRL＋C 或利用快捷菜单操作),单击"工资分析统计表",则此时该表中 A1 单元格为当前活动单元格,接下来执行粘贴操作(按 CTRL＋V 或利用快捷菜单操作)。

14. 单击工具栏上的保存按钮后退出 Excel 2016。

提示:当单元格中的内容宽度比单元格宽度大,即单元格宽度不足时,会出现如图5-11 中"出生日期"和"工作时间"列中所示的"＃＃＃＃＃＃"。

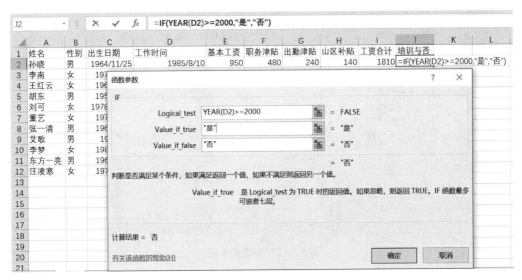

图 5-10　IF 函数的输入方式

	A	B	C	D	E	F	G	H	I	J
1	姓名	性别	出生日期	工作时间	基本工资	职务津贴	出勤津贴	山区补贴	工资合计	培训与否
2	孙晓	男	######	######	950	480	240	140	1810	否
3	李南	女	######	1995/8/2	670	320	150	100	1240	否
4	王红云	女	######	1987/7/9	820	430	220	110	1580	否
5	胡东	男	######	1978/1/3	1020	510	250	130	1910	否
6	刘可	女	######	######	450	230	120	88	888	是
7	董艺	女	######	1997/9/1	630	300	140	95	1165	否
8	张一清	男	######	1990/7/1	780	400	210	120	1510	否
9	艾歌	男	1970/3/5	1993/4/5	750	250	130	90	1220	否
10	李梦	女	######	2005/7/2	400	200	100	90	790	是
11	东方一亮	男	######	1987/9/1	900	460	235	135	1730	否
12	汪凌寒	女	######	2000/9/8	590	270	135	92	1087	是

图 5-11　单元格宽度不足时的效果图

　　此时需要增加单元格的宽度,有多种方法,比较简捷的方式是将光标定位在列名称
"C"和"D"之间,当光标变为十字形时,向右拖动,使"出生日期"列的所有单元格宽度增
加,"工作时间"列处置方式同上。也可以选中要改变宽度的列,然后选择"开始"选项卡下
"单元格"选项组"格式"下拉按钮中的"自动调整列宽"命令。

(扫描本章二维码查看详细操作步骤视频)

四、实验效果图

实验效果图如图 5-12 所示。

	A	B	C	D	E	F	G	H	I	J
1	姓名	性别	出生日期	工作时间	基本工资	职务津贴	出勤津贴	山区补贴	工资合计	培训与否
2	孙晓	男	1964/11/25	1985/8/10	950	480	240	140	1810	否
3	李南	女	1973/3/27	1995/8/2	670	320	150	100	1240	否
4	王红云	女	1965/7/18	1987/7/9	820	430	220	110	1580	否
5	胡东	男	1959/6/20	1978/1/3	1020	510	250	130	1910	否
6	刘可	女	1978/10/11	2001/8/10	450	230	120	88	888	是
7	董艺	女	1972/6/22	1997/9/1	630	300	140	95	1165	否
8	张一清	男	1968/2/16	1990/7/1	780	400	210	120	1510	否
9	艾歌	女	1970/3/5	1993/4/5	750	250	130	90	1220	否
10	李梦	女	1982/7/16	2005/7/2	400	200	100	90	790	是
11	东方一亮	男	1966/1/17	1987/9/1	900	460	235	135	1730	否
12	汪凌寒	女	1976/8/24	2000/9/8	590	270	135	92	1087	是
13				小计	7960	3850	1930	1190	14930	
14				最大值	1020	510	250	140	1910	
15				最小值	400	200	100	88	790	
16				平均值	723.636	350	175.455	108.182	1357.27	
17				各项占总工资比例	0.53315	0.25787	0.12927	0.07971	1	

图 5－12　实验效果图

五、实验思考题

1. 在 Excel 2016 中输入字母、数字、日期、时间有什么特点？

2. 怎样插入工作表？怎样删除工作表？怎样重命名工作表？

3. 怎样在 Excel 2016 中用公式进行计算？

4. 绝对引用和相对引用有什么区别？

实验 5.2　工作表的格式化与图表的创建编辑

一、实验要求

1. 熟练掌握工作表的格式化。
2. 熟练掌握图表的创建。
3. 熟练掌握图表的编辑与格式化。

二、实验内容

案例 1：工资表的格式化与简单图表的创建编辑

打开实验 5.1 所创建的"Excel 练习. xlsx"文件，对"工资表"按要求完成以下操作：

1. 在第 1 行前插入标题"职工工资情况表"，将 A1-J1 单元格合并居中，加深红色底纹；并将标题设置为蓝色，字号 22，黑体，加粗；将除表标题之外的所有汉字设置为红色，字号 14，加粗，楷体，并加浅绿色底纹。

2. 将标题行的行高设为 40，数据区域所有列宽设为最适合的列宽。

3. 将表格中所有单元格内容设置为中部居中（即水平方向与垂直方向均居中）。

4. 给表格添加双线红色外边框，单线紫色内边框。

5. 将所有工资设置为人民币样式，保留两位小数；将各项占总工资比例设置为百分比样式，保留三位小数。

6. 把"工资合计"I3:I13 区域中大于 1800 的值设置为蓝色加粗倾斜，并将相应的单元格背景色设置为黄色，将小于 1000 的值设置为绿色加粗倾斜，并将相应单元格背景色设置为紫色。

7. 将基本数据区域 A2:J13 的奇数行用浅灰色填充，偶数行保持原有效果。

8. 对姓名、基本工资、职务津贴、出勤津贴、山区补贴五列做堆积柱形图；并给图加上标题"职工工资情况表"，分类轴标题为"姓名"，数值轴标题为"工资"；要求有图例，显示在右侧；图表放置在 A20:H36 区域。

9. 为图表区填充背景，设置为"渐变填充"，且预设渐变为"顶部聚光灯-个性色 1"，其余保持默认设置。

10. 把图表标题设置为红色，黑体，字号 20，加粗。

11. 把数值坐标轴最大刻度改为 2600，主要刻度单位改为 400。

12. 完成上述要求保存后退出 Excel 2016。

案例 2：销售情况统计表的制作

在老师发送的销售情况统计表文档的基础上，进行以下操作：

1. 自动调整表格数据区域的列宽、行高，将第 1 行的行高设置为第 2 行行高的 2 倍；设置表格区域各单元格内容水平垂直均居中，并将文本"鹏程公司销售情况表格"的字体设置为黑体、字号设置为 30 个默认单位；将数据区域套用表格格式"表样式中等深浅 27"，表包含标题。

2. 对工作表进行页面设置,指定纸张大小为 A4、横向,调整整个工作表为 1 页宽、1页高,并在整个页面水平居中。

3. 将表格数据区域中所有空白单元格填充数字 0(共 21 个单元格)。

4. 将"咨询日期"的月、日均显示为 2 位,如"2014/1/5"应显示为"2014/01/05"。

5. 在"咨询商品编码"与"预购类型"之间插入新列,列标题为"商品单价",利用公式,将工作表"商品单价"中对应的价格填入该列。

6. 在"成交数量"与"销售经理"之间插入新列,列标题为"成交金额",根据"成交数量"和"商品单价",利用公式计算并填入"成交金额"。

7. 打开"月统计表"工作表,利用公式计算每位销售经理每月的成交金额,并填入对应位置,同时计算"总和"列、"总计"行。

8. 在工作表"月统计表"的 G3:M18 区域中,插入与"销售经理成交金额按月统计表"数据对应的二维堆积柱形图,横坐标为销售经理,纵坐标为金额,并为每月添加数据标签。

三、实验步骤/操作指导

案例 1:工资表的格式化与简单图表的创建编辑

1. 右键单击行号 1,在弹出的快捷菜单中选择"插入"命令,即可在第 1 行前插入一空白行,在 A1 单元格中输入标题"职工工资情况表",选中 A1-J1 单元格,执行对齐方式选项组中的"合并后居中"命令;然后选择"开始"选项卡中"格式"下拉按钮下拉菜单中的"设置单元格格式"命令,弹出"设置单元格格式"对话框后,选择"填充"选项,给标题添加深红色底纹;然后选中标题内容,利用"开始"选项卡下"字体"选项组将字体设为蓝色,字号22,黑体,加粗,最后选中表格中除标题之外的所有汉字,并同样设置字体为红色,字号14,加粗,楷体,添加浅绿色底纹。

2. 选中标题行后,依次选择"开始"选项卡→单元格选项组中的"格式下拉按钮"→"行高"命令,在弹出的"行高"对话框中设置行高为 40;然后选择数据区域(A2:J18),依次选择"开始"选项卡→单元格选项组中的"格式下拉按钮"→"自动调整列宽"命令。

3. 选中表格中所有单元格,然后选择"开始"选项卡中"格式"下拉按钮下拉菜单下的"设置单元格格式"命令,弹出"设置单元格格式"对话框后,选择"对齐"选项,把水平对齐和垂直对齐都设置为居中,如图 5-13 所示。

4. 选中表格中所有单元格,然后选择"开始"选项卡中"格式"下拉按钮下拉菜单中的"设置单元格格式"命令,弹出"设置单元格格式"对话框后,选择"边框"选

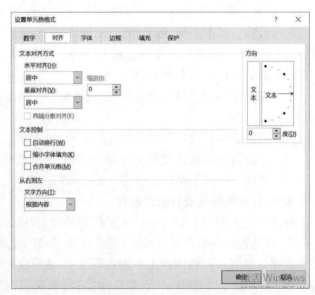

图 5-13　在设置单元格格式对话框中设置对齐方式

项,将线条样式选择为双线条,并将颜色选择为红色,单击"预置"部分的"外边框"按钮;再将线条样式选择为单线条,并将颜色选择为紫色,继续单击"预置"部分的"内边框"按钮,最后单击"确定"按钮完成设置,如图 5 - 14 所示。

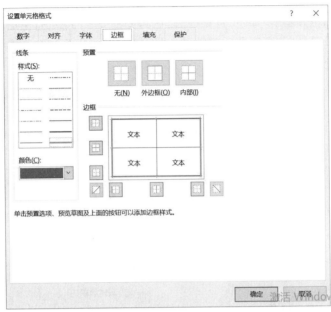

图 5 - 14　在设置单元格格式对话框中设置边框样式

　　5. 选中所有的工资单元格(即 E3:I17),然后选择"开始"选项卡中"格式"下拉按钮下拉菜单中的"设置单元格格式"命令,弹出"设置单元格格式"对话框后,选择"数字"选项,分类选择"货币",货币符号为人民币样式,小数位数设置为 2,如图 5 - 15 所示;然后选中E18:I18 区域,用同样的步骤设置为百分比样式,小数位数设置为 3。

图 5 - 15　在设置单元格格式对话框中设置数字样式

6. 选中"工资合计"区域(即 I3：I13 区域),然后选择"开始"选项卡中"样式"选项组中的"条件格式",在下拉菜单中选择"突出显示单元格规则"下的"大于"命令,如图 5 – 16 所示;在弹出的"大于"对话框中输入 1800,然后选择"设置为"组合框中的"自定义格式..."命令,如图 5 – 17 所示;在弹出的"设置单元格格式"对话框中,将"字体"选项卡中的"字形"设置为"加粗倾斜","颜色"设置为"蓝色",如图 5 – 18 所示;然后单击"填充"选项卡,将"背景色"设置为"黄色",最后连续单击"确定"即可;小于 1000 的值的格式设置与上述过程类似,此处不再赘述。

图 5 – 16　在条件格式中选择突出显示单元格规则中的大于

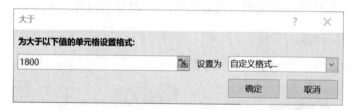

图 5 – 17　在大于对话框中按要求设置相应参数

图 5‑18　按要求设置字体格式

7. 选择数据区域 A2:J13,单击"开始"选项卡中的"样式"选项组,在条件格式按钮中选择"新建规则"命令,打开"新建格式规则"对话框,在"选择规则类型"列表框中选择"使用公式确定要设置格式的单元格",在"为符合此公式的值设置格式"下方的文本框中输入"= MOD(ROW( ),2)= 1",如图 5‑19 所示。单击"格式"按钮,在"填充"选项卡中选择一个颜色,如浅灰色,依次单击"确定"按钮。

提示:该公式的含义是 ROW( )为获取光标所在当前行的行号,MOD 用于获取两数相除的余数;该公式表示当前行号除以2,余数为 1 时应用下面设定的格式。1,3,5…等奇数行除以 2 时余数为 1,因此,奇数行便会应用指定格式了。

图 5‑19　新建格式规则对话框

8. 按住 CTRL 键,依次选中姓名、基本工资、职务津贴、出勤津贴、山区补贴五列数据(即 A2:A13,E2:H13),然后选择"插入"选项卡"图表"选项组中的"插入柱形图或条形图"命令,在其列表中单击二维柱形图中的"堆积柱形图",如图 5‑20 所示。

　　然后设置图表标题为"职工工资情况表",然后选择图表工具下"设计"选项卡下的"图表布局",在其选项组中选择"添加图表元素",在下拉菜单中选择"轴标题",如图5-21所示,分别选择"主要横坐标轴"与"主要纵坐标轴",将横坐标轴标题设置为"姓名",纵坐标轴标题设置为"工资";将图例位置从默认的底部改变为"右侧",方法是选择"添加图表元素"下的"图例"菜单中的"右侧"即可,设置完毕之后的图表如图5-22所示。

　　将创建好的图表放置在A20:H36的区域内,方法是将图表整体拖到表格下方,并将表格左上顶点边缘与A20重合,然后单击图表的右下顶点,当光标变为"+"时,持续按住鼠标左键并拖动至H36,且使图表的右下边缘恰好与H36的边沿重合时释放左键。

　　提示:将图表嵌入到某区域内,为使图表的边框紧贴单元格的边沿,可以在拖动图表边框的同时按ALT键。

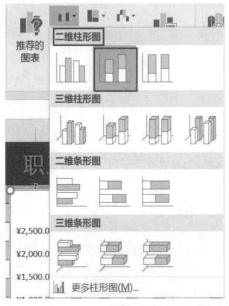

图5-20　选择二维柱形图中的堆积柱形图

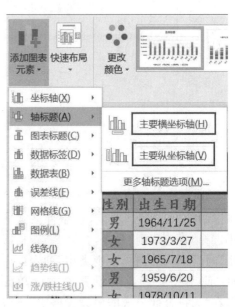

图5-21　设置坐标轴标题

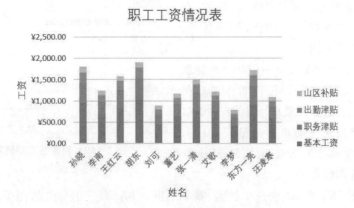

图5-22　初步完成设置的图表效果

　　9. 双击图表区,在文档右侧弹出"设置图表区格式"窗格,单击"填充"区域中的"渐变填充"按钮,在预设渐变中选择"顶部聚光灯-个性色 1",其余保持默认设置,如图 5 – 23 所示。

图 5 – 23　设置绘图区格式

10. 选中图表标题后,利用"开始"选项卡中的"字体"选项组把字体设置为红色,黑体,字号 20,加粗。

11. 选中图表中的垂直(值)轴,双击,在文档右侧出现"设置坐标轴格式"窗格,在"坐标轴选项"区域中的"最大值"文本框中输入 2600.0,单击回车按钮;然后在"主要"后文本框中输入 400.0,单击回车按钮,即可完成设置,如图 5 – 24 所示。

图 5 – 24　设置坐标轴格式参数

12. 单击快速访问工具栏上的保存按钮后退出 Excel 2016。

案例2:销售情况统计表的制作

1. 在"销售情况表"工作表中,单击工作表左上角行和列交叉位置,即 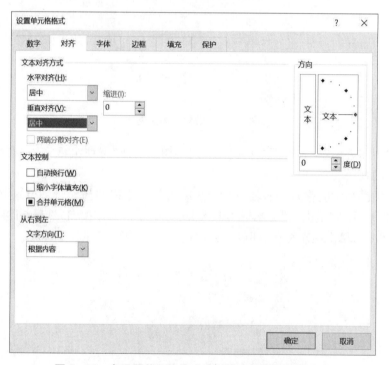,选中整个工作表,单击"开始"选项卡下"单元格"组的"格式"下拉按钮,在下拉列表中选择"自动调整行高"和"自动调整列宽"命令,右键单击第2行行标,在弹出的快捷菜单中选择"行高",查看行高值为15,然后右键第1行行标处,在弹出的快捷菜单中选择"行高"命令,在弹出的对话框中将"行高"设置为第2行行高的2倍,即30。

选中整个工作表的数据区域,单击"开始"选项卡下"单元格"组中的"格式"下拉按钮,在下拉列表中选择"设置单元格格式",弹出"设置单元格格式"对话框,切换到"对齐"选项卡,将"水平对齐"设置为"居中",将"垂直对齐"设置为"居中",单击"确定"按钮,如图5-25所示。

图5-25　在设置单元格格式对话框中设置"对齐"方式

选中表格标题"鹏程公司销售情况表格"文本,在"开始"选项卡下"字体"组中设置字体为"黑体",字号设置为30个默认单位;

选中工作表中 A2:I33 数据区域,单击"开始"选项卡"样式"组中的"套用表格格式"下拉按钮,在下拉列表中选择"表样式中等深浅27",如图5-26所示;在弹出的"套用表格式"对话框中,勾选"表包含标题",单击"确定"按钮,如图5-27所示。

图 5-26　选择合适的套用表格格式

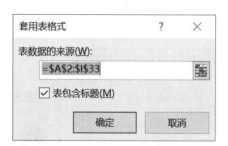

图 5-27　设置套用表格式

2. 在"销售情况表"工作表中,单击"页面布局"选项卡下"页面设置"组右下角的对话框启动器按钮,弹出"页面设置"对话框,在"页面"选项卡中将纸张大小设置为"A4";将"方向"设置为"横向";将"缩放"调整为"1 页宽　1 页高",如图 5-28 所示;

切换到"页边距"选项卡,勾选"居中方式"中的"水平"复选框,单击"确定"按钮关闭对话框,如图 5-29 所示。

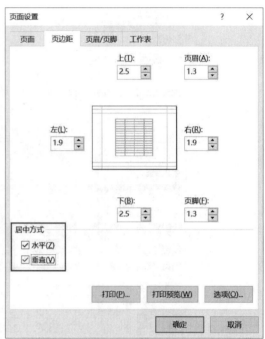

图5-28 设置页面的相关属性   图5-29 在页边距中设置居中方式

3. 在"销售情况表"工作表中选择数据区域 A3:I33,单击"开始"选项卡下"编辑"组中的"查找和编辑"下拉按钮,在下拉列表中选择"替换",弹出"查找和替换"对话框,在对话框中将"替换为"设置为"0",单击"全部替换"按钮,此处会提示替换 21 个单元格,单击"确定"按钮,如图 5-30 与图 5-31 所示。

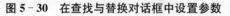

图5-30 在查找与替换对话框中设置参数   图5-31 全部替换完成提示框

4. 选中"销售情况表"工作表"咨询日期"列数据区域 C3:C33,单击鼠标右键,在弹出的快捷菜单中选择"设置单元格格式",弹出"设置单元格格式"对话框,选择"数字"选项卡"分类"组中的"自定义",设置类型为"yyyy/mm/dd",设置完成后,单击"确定"按钮,如图 5-32 所示。

图 5-32　数字自定义格式设置

5. 在"销售情况表"工作表中选中 F 列,单击鼠标右键,在弹出的快捷菜单中选择"插入"命令,在"预购类型"列之前新增一空白列;在 F2 单元格中输入列标题名称"商品单价";在"商品单价"列上单击鼠标右键,弹出的快捷菜单中选择"设置单元格格式"命令,在弹出的"设置单元格格式"对话框中,将"数字"类型设置为"常规",单击"确定"按钮;

选中 F3 单元格,单击"公式"选项卡下的"函数库"选项组中的"插入函数"命令,弹出"插入函数"对话框,在选择类别中选择"查找与引用",在选择函数中选择"VLOOKUP",如图 5-33 所示。在弹出的"函数参数"对话框中设置 VLOOKUP 函数的参数,公式为"= VLOOKUP(E3,商品单价! ＄A＄3：＄B＄7,2,0)",如图 5-34 所示,然后双击 F3 单元格的填充柄,将"商品单价"列全部填充完成。

注意:VLOOKUP 函数的第二个参数为"商品单价! ＄A＄3：＄B＄7",采用对单元格绝对引用方式。

图 5-33　插入函数对话框

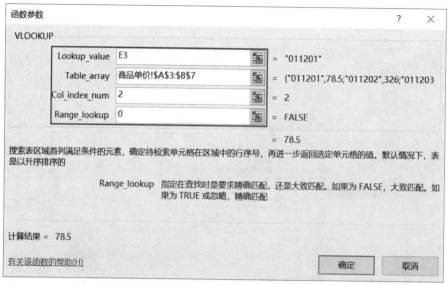

图 5 - 34　VLOOKUP 函数的函数参数

6. 在"销售情况表"工作表中选中 J 列,单击鼠标右键,在弹出的快捷菜单中选择"插入"命令,在"销售经理"列前新增一空白列;在 J2 单元格中输入列标题名称"成交金额";在 J3 单元格中输入公式"＝I3 * F3",按回车键确认输入,拖动 J3 单元格右下角的填充柄向下填充到 J33 单元格。

7. 首先单击"公式"选项卡下的"定义的名称"选项组中的"名称管理器"按钮,在弹出的"名称管理器"对话框中查看表名称为"表1",如图 5 - 35 所示。

图 5 - 35　在名称管理器对话框中查看表名称

单击"月统计表"工作表,选中 B3 单元格,在 B3 单元格中输入"＝SUMIFS(表 1[成交金额],表 1[销售经理],A3,表 1[咨询日期],">＝2014－1－1",表 1[咨询日期],"＜＝2014－1－31")",输入完成后按回车键确认输入,拖动 B3 单元格右下角的填充柄向下填充到 B5 单元格。

继续选中 C3 单元格,在 C3 单元格中输入"＝SUMIFS(表 1[成交金额],表 1[销售经理],A3,表 1[咨询日期],">＝2014－2－1",表 1[咨询日期],"＜＝2014－2－28")",输入完成后按回车键确认输入,拖动 C3 单元格右下角的填充柄向下填充到 C5 单元格;

继续选中 D3 单元格,在 D3 单元格中输入"＝SUMIFS(表 1[成交金额],表 1[销售经理],A3,表 1[咨询日期],">＝2014－3－1",表 1[咨询日期],"＜＝2014－3－31")",输入完成后按回车键确认输入,拖动 D3 单元格右下角的填充柄向下填充到 D5 单元格;

继续选中 E3 单元格,在 E3 单元格中输入公式"＝SUM(B3:D3)",按下回车键后,拖动 E3 的填充柄至 E5 单元格;选中 B6 单元格,在 E3 单元格中输入公式"＝SUM(B3:B5)",按下回车键后,拖动 B6 的填充柄至 E6 单元格。

本小题的操作结果如图 5－36 所示。

D3		f_x	=SUMIFS(表1[成交金额],表1[销售经理],A3,表1[咨询日期],">=2014-3-1",表1[咨询日期],"<=2014-3-31")							
	A	B	C	D	E	F	G	H	I	J
1	销售经理成交金额按月统计表(单位:元)									
2	销售经理	一月	二月	三月	总和					
3	张乐	388800	243863	94683	727346					
4	李耀	416950	653154	114900	1185004					
5	高友	506325	939400	652000	2097725					
6	总计	1312075	1836417	861583	4010075					

图 5－36　操作结果

8. 选中"月统计表"工作表的 A2:D5 数据区域,单击"插入"选项卡"图表"组中的"柱形图"下拉按钮,在下拉列表中选择"二维柱形图"→"堆积柱形图",如图 5－37 所示。

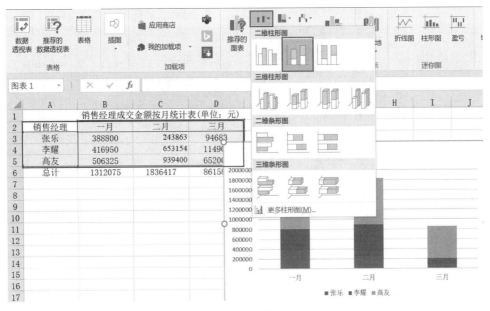

图 5－37　插入二维柱形图中的堆积柱形图

选中插入的图表,首先删除图表标题,然后单击"图表工具"中"设计"选项卡下"数据"组中的"切换行/列"按钮,操作结果如图 5‐38 所示;

然后单击"图表工具"中"设计"选项卡下"图表布局"选项组的"添加图表元素",在其下拉菜单中单击"数据标签"命令,选择"居中",如图 5‐39 所示;

最后将图表整体拖动到左上顶点边缘与 G3 重合,然后单击图表的右下顶点,当光标变为"+"时,持续按住鼠标左键并拖动至 M18,使图表的右下边缘恰好与 M18 的边沿重合时释放左键(在此过程中同时按住 ALT 键可使图表边缘紧贴单元格边沿)。

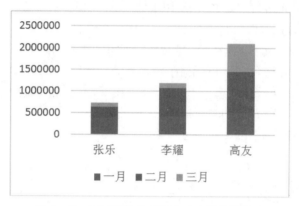

图 5‐38 通过切换行列操作改变横纵轴内容

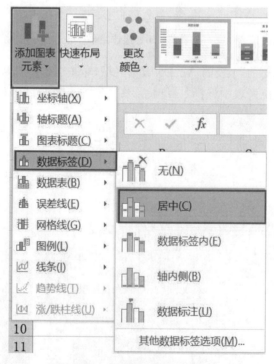

图 5‐39 设置数据标签居中显示

(扫描本章二维码查看详细操作步骤视频)

四、实验效果图

案例 1 数据区域参考结果如图 5-40 所示。

	A	B	C	D	E	F	G	H	I	J
1					职工工资情况表					
2	姓名	性别	出生日期	工作时间	基本工资	职务津贴	出勤津贴	山区补贴	工资合计	培训与否
3	孙晓	男	1964/11/25	1985/8/10	¥950.00	¥480.00	¥240.00	¥140.00	¥1,810.00	否
4	李南	男	1973/3/27	1995/8/2	¥670.00	¥320.00	¥150.00	¥100.00	¥1,240.00	否
5	王红云	女	1965/7/18	1987/7/9	¥820.00	¥430.00	¥220.00	¥110.00	¥1,580.00	否
6	胡东	男	1959/6/20	1978/1/3	¥1,020.00	¥510.00	¥250.00	¥130.00	¥1,910.00	否
7	刘可	女	1978/10/11	2001/8/10	¥450.00	¥230.00	¥120.00	¥88.00	¥888.00	是
8	董艺	女	1972/6/22	1997/9/1	¥630.00	¥300.00	¥140.00	¥95.00	¥1,165.00	否
9	张一清	男	1968/2/16	1990/7/1	¥780.00	¥400.00	¥210.00	¥120.00	¥1,510.00	否
10	艾歌	男	1970/3/5	1993/4/5	¥750.00	¥250.00	¥130.00	¥90.00	¥1,220.00	否
11	李梦	女	1982/7/16	2005/7/2	¥400.00	¥200.00	¥100.00	¥90.00	¥790.00	是
12	东方一亮	男	1966/1/17	1987/9/1	¥900.00	¥460.00	¥235.00	¥135.00	¥1,730.00	否
13	汪凌寒	女	1976/8/24	2000/9/8	¥590.00	¥270.00	¥135.00	¥92.00	¥1,087.00	是
14				小计	¥7,960.00	¥3,850.00	¥1,930.00	¥1,190.00	¥14,930.00	
15				最大值	¥1,020.00	¥510.00	¥250.00	¥140.00	¥1,910.00	
16				最小值	¥400.00	¥200.00	¥100.00	¥88.00	¥790.00	
17				平均值	¥723.64	¥350.00	¥175.45	¥108.18	¥1,357.27	
18				各项占总工资比例	53.315%	25.787%	12.927%	7.971%	100.000%	

图 5-40　案例 1 数据区域参考效果图

案例 1 图表参考效果如图 5-41 所示。

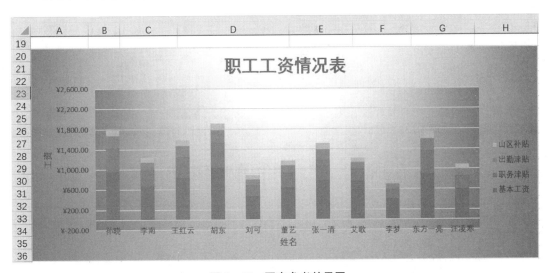

图 5-41　图表参考效果图

案例 2 销售情况表效果图如图 5-42 所示。

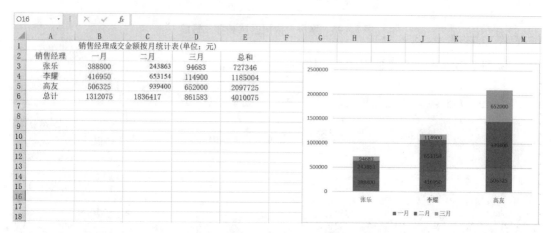

F2		× ✓ fx	商品单价								
	A	B	C	D	E	F	G	H	I	J	K

鹏程公司销售情况表格

客户姓名	性别	咨询日期	咨询时间	咨询商品编码	商品单价	预购类型	预购数量	成交数量	成交金额	销售经理
陈华	男	2014/01/05	9:10:13	011201	78.5	团购	800	800	62800	张乐
高明	男	2014/01/08	10:22:31	011202	326	批发	3000	1000	326000	张乐
李子	男	2014/01/10	12:21:09	011201	78.5	团购	0	0	0	高友
孙毅	0	2014/01/23	12:43:05	011202	326	批发	1000	1000	326000	李耀
尤勇	0	2014/01/12	9:41:34	011201	78.5	团购	700	700	54950	李耀
郑雅婷	0	2014/01/14	15:10:35	011205	298	批发	1500	1500	447000	高友
彭强	男	2014/01/17	10:48:12	011203	18	批发	2500	2000	36000	李耀
申新	女	2014/01/21	13:20:45	011204	169.5	团购	200	0	0	张乐
方明	女	2014/01/25	17:25:31	011204	169.5	团购	350	350	59325	高友
谷新	男	2014/02/02	11:23:15	011202	326	团购	400	400	130400	高友
田秘	女	2014/02/04	9:22:31	011203	18	团购	0	0	0	高友
平长	男	2014/02/04	9:10:13	011204	169.5	批发	1000	1000	169500	李耀
廖元	0	2014/02/09	10:47:34	011201	78.5	批发	2000	2000	157000	高友
钱平	男	2014/02/13	13:00:23	011203	18	批发	1000	1000	18000	张乐
李涛	女	2014/02/15	15:33:40	011201	78.5	团购	500	500	39250	张乐
朱玲玲	女	2014/02/16	16:57:12	011204	169.5	批发	1000	1000	169500	张乐

销售情况表　商品单价　月统计表

图 5-42　销售情况表效果图

案例 2 销售经理成交金额按月统计图表如图 5-43 所示。

	A	B	C	D	E
1		销售经理成交金额按月统计表(单位:元)			
2	销售经理	一月	二月	三月	总和
3	张乐	388800	243863	94683	727346
4	李耀	416950	653154	114900	1185004
5	高友	506325	939400	652000	2097725
6	总计	1312075	1836417	861583	4010075

图 5-43　销售经理成交金额按月统计图表

五、实验思考题

1. 怎样设置单元格格式?

2. 怎样创建图表?

3. 如何对已创建的图表进行格式化操作?

实验 5.3　数据的管理与分析

一、实验目的

1. 熟练掌握数据的排序操作。
2. 熟练掌握数据的自动筛选和高级筛选操作。
3. 熟练掌握数据的分类汇总操作。

二、实验内容

案例 1：职工工资分析统计

打开实验 5-1 所创建的"Excel 练习.xls"文件，对"工资分析统计表"按要求完成以下操作：

1. 先按"工资合计"降序排列，如果"工资合计"相等，再按"基本工资"降序排列。

2. 自动筛选出工资合计≥1500 且基本工资≥900 的所有记录，并将筛选结果复制到 Sheet1 中，把 Sheet1 重命名为"自动筛选结果"。

3. 用高级筛选筛选出 20 世纪 80 年代（即从 1980-1-1 到 1989-12-31）参加工作或工资合计大于等于 1500 的职工的工资记录，条件区域从 A14 单元格开始设置，筛选结果置于 A18 开始的位置。

4. 分类汇总出男女职工的工资合计的平均值。

5. 完成上述要求后保存。

案例 2：利用数据透视表进行数据分析

在老师所发送的"销售记录表.xlsx"的基础上完成以下操作：

1. 在"销售记录"工作表的 E4：E891 中，应用函数 C 列（类型）所对应的产品价格，价格信息可以在"价格表"工作表中进行查询；然后将填入的产品价格设置为货币格式，并保留零位小数。

2. 在"销售记录"工作表的 F4：F891 中，计算每笔订单记录的金额，并应用货币格式，保留零位小数，计算规则为：金额＝价格×数量×(1－折扣百分比)，折扣百分比由订单中的订货数量和产品类型决定，可以在"折扣表"工作表中进行查询，例如某个订单中产品 A 的订货数量为 1510，则折扣百分比为 2%（**提示：**为便于计算，可对"折扣表"工作表表格的结构进行调整）。

3. 将"销售记录"工作表的单元格区域 A3：F891 中所有记录居中对齐，并将发生在周六或周日的单元格的填充颜色设为黄色。

4. 在名为"销售量汇总"的新工作表中自 A3 单元格开始创建数据透视表，按照月份和季度对"销售记录"工作表中三种产品的销售数量进行汇总；在数据透视表右侧创建数据透视图，图表类型为"带数据标记的折线图"，并为"产品 B"系列添加线性趋势线，显示"公式"和"R2 值"（数据透视表和数据透视图的样式可参考老师所发送的数据透视表和数据透视图.jpg 示例文件）；将"销售量汇总"工作表移动到"销售记录"工作表的右侧。

5. 在"销售量汇总"工作表右侧创建一个新的工作表,名称为"大额订单";在这个工作表中使用高级筛选功能,筛选出"销售记录"工作表中产品 A 数量在 1550 以上、产品 B 数量在 1990 以上以及产品 C 数量在 1500 以上的记录(请将条件区域放置在 1～4 行,筛选结果放置在从 A6 单元格开始的区域)。

三、实验步骤/操作指导

案例 1:职工工资分析统计

1. 选中待排序数据区域,即 A1:J12 区域,选择"数据"选项卡下"排序和筛选"选项组中的"排序"命令,弹出"排序"对话框,首先设置主要关键字,将主要关键字选择为"工资合计",排序依据为"数值",次序设置为"降序";单击"添加条件"按钮,设置次要关键字,将次要关键字选择"基本工资",排序依据为"数值",次序设置为"降序",单击"确定"按钮即可,排序条件设置如图 5 - 44 所示,排序后数据内容如图 5 - 45 所示。

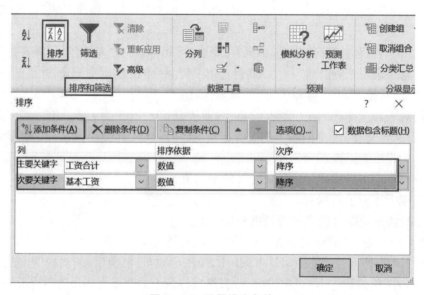

图 5 - 44　设置排序条件

	A	B	C	D	E	F	G	H	I	J
1	姓名	性别	出生日期	工作时间	基本工资	职务津贴	出勤津贴	山区补贴	工资合计	培训与否
2	胡东	男	1959/6/20	1978/1/3	1020	510	250	130	1910	否
3	孙晓	男	1964/11/25	1985/8/10	950	480	240	140	1810	否
4	东方一亮	男	1966/1/17	1987/9/1	900	460	235	135	1730	否
5	王红云	女	1965/7/18	1987/7/9	820	430	220	110	1580	否
6	张一清	男	1968/2/16	1990/7/1	780	400	210	120	1510	否
7	李南	女	1973/3/27	1995/8/2	670	320	150	100	1240	否
8	艾歌	男	1970/3/5	1993/4/5	750	250	130	90	1220	否
9	董艺	女	1972/6/22	1997/9/1	630	300	140	95	1165	否
10	汪凌寒	女	1976/8/24	2000/9/8	590	270	135	92	1087	是
11	刘可	女	1978/10/11	2001/8/10	450	230	120	88	888	是
12	李梦	女	1982/7/16	2005/7/2	400	200	100	90	790	是

图 5 - 45　排序后的数据内容

2. 选中待排序数据区域,即 A1:J12 区域,选择"数据"选项卡下的"排序和筛选"选项组中的"筛选"命令,各字段名(标题)旁边相应出现下拉列表框,单击"工资合计"旁边的下拉列表框,选择"数字筛选"下的"大于或等于"命令,弹出"自定义自动筛选方式"对话框,在"大于或等于"条件后的文本框中输入 1500,单击"确定"按钮即可,如图 5 - 46 与图 5 - 47 所示;

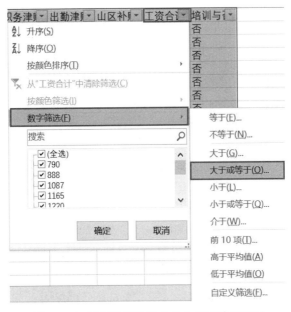

图 5 - 46　选择数字筛选中的大于或等于规则

图 5 - 47　在自定义自动筛选方式对话框中设置参数

　　然后执行相同的操作,对"基本工资"进行自动筛选,筛选方式应设为"大于或等于900",执行两次自动筛选操作后,工作表中将显示所有满足筛选条件的记录。

　　注意:此处两个筛选操作设置的先后次序对最终的筛选结果无影响,也可以先按基本工资大于或等于 900 条件进行筛选,再按工资合计大于或等于 1500 筛选。

　　然后单击"工资分析统计表"标签后的" ⊕ "按钮,新增一个工作表 Sheet1,最后将筛选结果复制到 Sheet1 中,并把 Sheet1 重命名为"自动筛选结果",此处需再次设置自动调整列宽,否则会出现列宽不够的情况,筛选结果如图 5 - 48 所示。

	A	B	C	D	E	F	G	H	I	J
1	姓名	性别	出生日期	工作时间	基本工资	职务津贴	出勤津贴	山区补贴	工资合计	培训与否
2	胡东	男	1959/6/20	1978/1/3	1020	510	250	130	1910	否
3	孙晓	男	1964/11/25	1985/8/10	950	480	240	140	1810	否
4	东方一亮	男	1966/1/17	1987/9/1	900	460	235	135	1730	否
5										

工资表　工资分析统计表　自动筛选结果

图 5－48　自动筛选结果

3. 在进行高级筛选前,需要将上一步进行的自动筛选操作取消,做法是单击"工资分析统计表"标签,然后单击"数据"选项卡中"排序和筛选"选项组中的"筛选"按钮,即可取消之前的筛选。

高级筛选操作可分解为以下两个步骤执行:

(1) 设置条件区域。具体操作步骤:把光标定位到 A14 单元格,在该单元格中输入"工作时间",然后在 B14 单元格中输入"工作时间",再在 C14 单元格中输入"工资合计",然后设置筛选条件,即 A15 单元格中应输入">=1980－1－1",B15 单元格中应输入"<=1989－12－31",最后在 C16 单元格中输入">=1500",如图 5－49 所示;

14	工作时间	工作时间	工资合计
15	>=1980-1-1	<=1989-12-31	
16			>=1500

图 5－49　设置高级筛选的条件

注意:此处的两个工作时间的条件内容设置在同一行,而工资合计的条件与工作时间错开到下一行,原因是按照题意,对于工作时间的条件需要同时满足,即它们是"且"的逻辑关系,而工作时间与工资合计之间是"或"的关系。对于"且"关系的条件需写在同一行,而"或"关系的条件需写在不同行。

(2) 选中待排序数据区域,即 A1:J12 区域,选择"数据"选项卡下的"排序和筛选"选项组中的"高级筛选"命令,弹出"高级筛选"对话框,方式应选择"将筛选结果复制到其他位置","列表区域"应为"＄A＄1：＄J＄12","条件区域"应为"＄A＄14：＄C＄16",然后单击"复制到"后文本框中的"暂时隐藏对话框按钮" 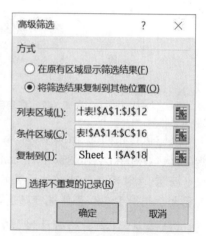,单击 A18 单元格,然后再次单击"暂时隐藏对话框按钮" ,则"复制到"后的文本框中将出现"Sheet1!＄A＄18",即为筛选结果放置位置的起始单元格,最后单击"确定"按钮,如图 5－50 所示。

本题的筛选结果如图 5－66 所示。

4. 分类汇总是要根据某个关键字进行分类之后汇总,分类方式最常采用的方式为排序。

分类汇总可分解为以下两个步骤执行:

图 5－50　高级筛选对话框设置

（1）首先按"性别"字段进行排序（降序或升序均可），具体操作步骤为：把光标定位到"性别"这一列中的任一单元格，然后单击"数据"选项卡中"排序和筛选"选项组的"升序排列"按钮；

（2）选中待进行分类汇总的数据区域（即 A1:J12 区域），然后依次选择"数据"选项卡中的"分级显示"选项组中的"分类汇总"命令，弹出"分类汇总"对话框，"分类字段"应为"性别"，"汇总方式"应为"平均值"，"选定汇总项"应选"工资合计"，最后单击"确定"按钮，如图 5-51 所示。

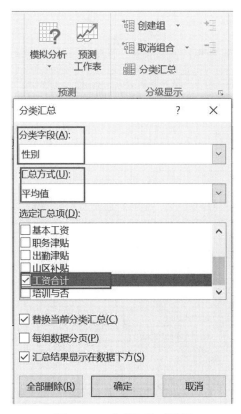

图 5-51　分类汇总对话框

本题的分类汇总结果如图 5-67 所示。

（5）完成上述要求后单击工具栏上的保存按钮进行保存。

案例 2：利用数据透视表进行数据分析

1. 选中"销售记录"工作表的 E4 单元格，单击"公式"选项卡下的"函数库"选项组中的"插入函数"命令，弹出"插入函数"对话框，在选择类别中选择"查找与引用"，在选择函数中选择"VLOOKUP"。在弹出的"函数参数"对话框中设置 VLOOKUP 函数的参数，如图 5-52 所示，然后单击"确定"按钮；此处也可以直接在 E4 单元格中输入公式"＝VLOOKUP(C4,价格表!＄B＄2:＄C＄5,2,0)"，输入完成后按回车键确认；拖动 E4 单元格的填充柄，填充到 E891 单元格（也可以直接双击 E4 填充柄完成该列数据的自动填充）；

选中 E4:E891 单元格区域，单击鼠标右键，在弹出的快捷菜单中选择"设置单元格格式"命令,弹出"设置单元格格式"对话框,选择"数字"选项卡,在"分类"列表框中选择"货币",并将右侧的小数位数设置为"0",单击"确定"按钮,如图 5 - 53 所示。

图 5 - 52 VLOOKUP 函数参数设置

图 5 - 53 设置货币样式及小数位数

2. 首先选择"折扣表"工作表中的 B2：E6 数据区域,按 Ctrl＋C 组合键复制该区域;选中 B8 单元格,单击鼠标右键,在弹出的快捷菜单中选择"选择性粘贴"命令,在右侧出现的级联菜单中选择"粘贴"组中的"转置"命令,将原表格进行转置,如图 5 - 54 所示;

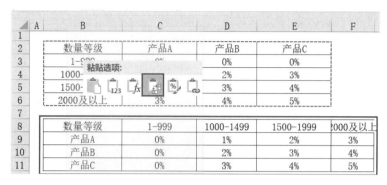

图 5 - 54　对表格转置

选中"销售记录"工作表的 F4 单元格,在单元格中输入公式"＝D4＊E4＊(1－VLOOKUP(C4,折扣表!＄B＄9:＄F＄11,IF(D4＜1000,2,IF(D4＜1500,3,IF(D4＜2000,4,5)))))",输入完成后按回车键确认输入,然后双击 F4 单元格的填充柄,完成"金额"列数据的自动填充;数字格式设置参考第 1 题。

3. 选择"销售记录"工作表中的 A3:F891 数据区域;单击"开始"选项卡下"对齐方式"组中的"居中"按钮;

选中表格 A4:F891 数据区域,单击"样式"组中的"条件格式"按钮,在下拉列表中选择"新建规则",弹出"新建格式规则"对话框,在"选择规则类型"列表框中选择"使用公式确定要设置格式的单元格",在下方的"为符合此公式的值设置格式"文本框中输入"＝OR(WEEKDAY(＄B4,2)＝6,WEEKDAY(＄B4,2)＝7)",单击"格式"按钮,在弹出的"设置单元格格式"对话框中,切换到"填充"选项卡,选择填充颜色为"黄色",单击"确定"按钮,如图 5 - 55 所示,单元格背景填充设置如图 5 - 56 所示。

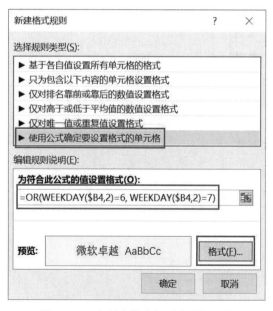

图 5 - 55　在新建格式规则中进行设置

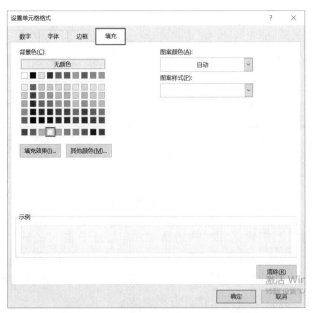

图 5-56　对相应单元格填充黄色背景

4. 单击"折扣表"工作表后面的"⊕"按钮,添加一张新的"Sheet1"工作表,双击 "Sheet1"工作表名称,输入文字"销售量汇总";

在"销售量汇总"中选中 A3 单元格,单击"插入"选项卡下"表格"组中"数据透视表" 按钮,在下拉列表中选择"数据透视表"命令,弹出"创建数据透视表"对话框,在"表/区域" 文本框选择数据区域"销售记录! ＄A＄3:＄F＄891",其余采用默认设置,单击"确定"按 钮,如图 5-57 所示。

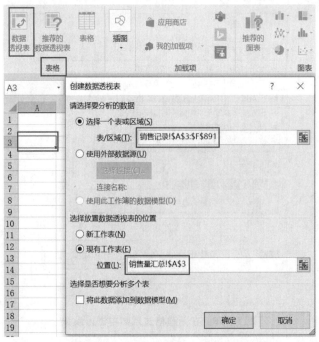

图 5-57　创建数据透视表对话框

在工作表右侧出现"数据透视表字段"窗格,将"日期"列拖动到"行标签"区域中,将"类型"列拖动到"列标签"区域中,将"数量"列拖动到"数值"区域中;选中"日期"列中的任意单元格,单击鼠标右键,在弹出的快捷菜单中选择"创建组"命令,如图 5-58 所示;弹出"分组"对话框,在"步长"选项组中选择"月"和"季度",单击"确定"按钮,如图 5-59 所示;

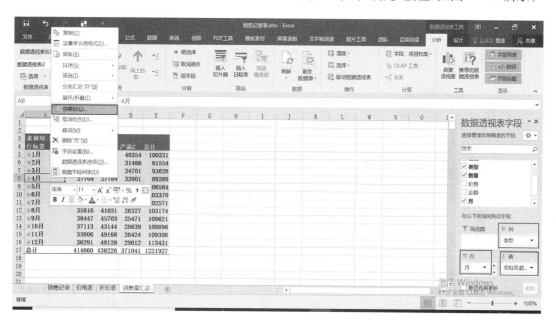

图 5-58　设置数据透视表字段

图 5-59　设置组合对话框

选中"数据透视表"的任一单元格,单击"插入"选项卡"图表"组中的"折线图",在下拉列表中选择"带数据标记的折线图",如图 5-60 所示。

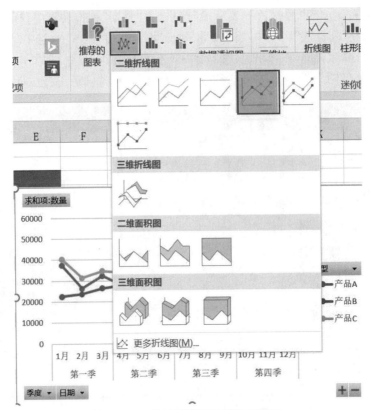

图 5-60　创建带数据标记的折线图

在"数据透视图工具"下"设计"选项卡"图表布局"组中,选择"快速布局"命令中的"布局 4"样式;选中图表绘图区中"产品 B"的销售量曲线,单击"添加图表元素"下拉列表中"趋势线"级联菜单中的"其他趋势线选项"命令,如图 5-61 所示;

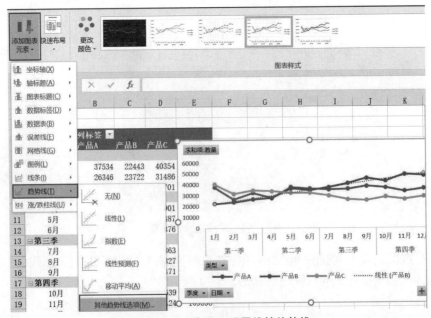

图 5-61　为产品 B 设置线性趋势线

在右侧弹出"设置趋势线格式"窗格，在"趋势线选项"区域选择"线性"，并在下方的显示框中勾选"显示公式"和"显示 R 平方值"复选框，关闭"设置趋势线格式"窗格，如图 5-62 所示。

图 5-62　设置趋势线格式

选择折线图左侧的"坐标轴"，双击鼠标左键，在右侧弹出"设置坐标轴格式"窗格，在"坐标轴选项"组中，设置"坐标轴选项"下方"边界"中的"最小值"为"20000"，"最大值"为"50000"，"单位"为"10000"，单击"关闭"按钮，如图 5-63 所示。

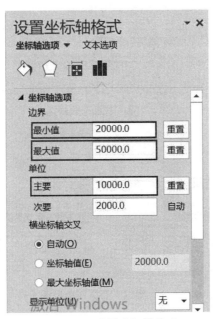

图 5-63　设置坐标轴格式

参照"数据透视表和数据透视图.jpg"示例文件,适当调整公式的位置以及图表的大小,移动图表到数据透视表的右侧位置;选中"销售量汇总"工作表,按住鼠标左键不放,拖到"销售记录"工作表的右侧位置。

5. 单击"销售量汇总"工作表后的" ⊕ "按钮,新建"大额订单"工作表;在"大额订单"工作表的 A1 单元格输入"类型",在 B1 单元格中输入"数量",在 A2 单元格中输入"产品 A",B2 单元格中输入">1550",A3 单元格中输入"产品 B",B3 单元格中输入">1990",A4 单元格中输入"产品 C",B4 单元格中输入">1500",如图 5 - 64 所示。

	A	B
1	类型	数量
2	产品A	>1550
3	产品B	>1990
4	产品C	>1500

图 5 - 64　设置高级筛选条件

单击"数据"选项卡下"排序和筛选"组中的"高级"按钮,弹出"高级筛选"对话框,选中"将筛选结果复制到其他位置",单击"列表区域"后的"折叠对话框"按钮,选择"列表区域""销售记录! ＄A＄3:＄F＄891",单击"条件区域"后的"折叠对话框"按钮,选择"条件区域""大额订单! ＄A＄1:＄B＄4",单击"复制到"后的"折叠对话框"按钮,选择单元格"大额订单! ＄A＄6",按回车键展开"高级筛选"对话框,最后单击"确定"按钮,如图 5 - 65 所示。

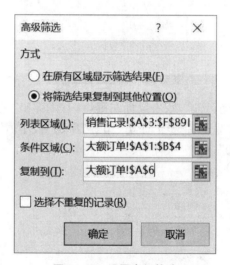

图 5 - 65　设置高级筛选

四、实验效果图

案例 1 高级筛选参考结果如图 5 - 66 所示。

18	姓名	性别	出生日期	工作时间	基本工资	职务津贴	出勤津贴	山区补贴	工资合计	培训与否
19	胡东	男	1959/6/20	1978/1/3	1020	510	250	130	1910	否
20	孙晓	男	1964/11/25	1985/8/10	950	480	240	140	1810	否
21	东方一亮	男	1966/1/17	1987/9/1	900	460	235	135	1730	否
22	王红云	女	1965/7/18	1987/7/9	820	430	220	110	1580	否
23	张一清	男	1968/2/16	1990/7/1	780	400	210	120	1510	否

图 5 - 66　案例 1 高级筛选参考结果

案例 1 分类汇总参考结果如图 5 - 67 所示。

	姓名	性别	出生日期	工作时间	基本工资	职务津贴	出勤津贴	山区补贴	工资合计	培训与否
1	姓名	性别	出生日期	工作时间	基本工资	职务津贴	出勤津贴	山区补贴	工资合计	培训与否
2	胡东	男	1959/6/20	1978/1/3	1020	510	250	130	1910	否
3	孙晓	男	1964/11/25	1985/8/10	950	480	240	140	1810	否
4	东方一亮	男	1966/1/17	1987/9/1	900	460	235	135	1730	否
5	张一清	男	1968/2/16	1990/7/1	780	400	210	120	1510	否
6	艾歌	男	1970/3/5	1993/4/5	750	250	130	90	1220	否
7		男 平均值							1636	
8	王红云	女	1965/7/18	1987/7/9	820	430	220	110	1580	否
9	李南	女	1973/3/27	1995/8/2	670	320	150	100	1240	否
10	董艺	女	1972/6/22	1997/9/1	630	300	140	95	1165	否
11	汪凌寒	女	1976/8/24	2000/9/8	590	270	135	92	1087	是
12	刘可	女	1978/10/11	2001/8/10	450	230	120	88	888	是
13	李梦	女	1982/7/16	2005/7/2	400	200	100	90	790	是
14		女 平均值							1125	
15		总计平均值							1357.27	

图 5‑67　案例 1 分类汇总参考结果

案例 2 销售情况表完成参考结果如图 5‑68 所示。

	A	B	C	D	E	F
1			2012年销售数据			
3	序号	日期	类型	数量	价格	金额
4	001	1/1	产品A	1481	¥3,200	4691808
5	002	1/1	产品B	882	¥2,800	2469600
6	003	1/1	产品C	1575	¥2,100	3175200
7	004	1/2	产品B	900	¥2,800	2520000
8	005	1/2	产品C	1532	¥2,100	3088512
9	006	1/3	产品A	1561	¥3,200	4895296
10	007	1/3	产品C	1551	¥2,100	3126816
11	008	1/4	产品A	1282	¥3,200	4061376
12	009	1/4	产品B	812	¥2,800	2273600
13	010	1/4	产品C	1518	¥2,100	3060288
14	011	1/5	产品B	880	¥2,800	2464000
15	012	1/6	产品A	1516	¥3,200	4754176
16	013	1/6	产品C	1564	¥2,100	3153024
17	014	1/7	产品A	1530	¥3,200	4798080
18	015	1/7	产品B	840	¥2,800	2352000
19	016	1/7	产品C	1515	¥2,100	3054240
20	017	1/8	产品A	1248	¥3,200	3953664
21	018	1/8	产品B	993	¥2,800	2780400
22	019	1/8	产品C	1530	¥2,100	3084480

销售记录　价格表　折扣表　销售量汇总　大额订单

图 5‑68　案例 2 销售情况表完成参考结果

案例 2 高级筛选结果如图 5‑69 所示。

	A	B	C	D	E	F
1	类型	数量				
2	产品A	>1550				
3	产品B	>1990				
4	产品C	>1500				
5						
6	序号	日期	类型	数量	价格	金额
7	003	1/1	产品C	1575	¥2,100	3175200
8	005	1/2	产品C	1532	¥2,100	3088512
9	006	1/3	产品A	1561	¥3,200	4895296
10	007	1/3	产品C	1551	¥2,100	3126816
11	010	1/4	产品C	1518	¥2,100	3060288
12	013	1/6	产品C	1564	¥2,100	3153024
13	016	1/7	产品C	1515	¥2,100	3054240
14	019	1/8	产品C	1530	¥2,100	3084480
15	021	1/9	产品C	1589	¥2,100	3203424
16	024	1/10	产品C	1595	¥2,100	3215520
17	025	1/11	产品A	1579	¥3,200	4951744
18	027	1/11	产品C	1531	¥2,100	3086496
19	029	1/12	产品C	1513	¥2,100	3050208
20	030	1/13	产品A	1565	¥3,200	4907840
21	032	1/13	产品C	1501	¥2,100	3026016

销售记录　价格表　折扣表　销售量汇总　大额订单

图 5 - 69　案例 2 高级筛选参考结果

五、实验思考题

1. 有多个排序关键字时如何进行排序操作? 能否按行进行排序?
2. 数据筛选有什么意义?
3. 如何进行自动筛选和高级筛选操作?
4. 怎样进行分类汇总操作?

实验 5.4　Excel 2016 综合实验

一、实验要求

1. 熟练掌握工作表的建立、编辑、格式化、公式和函数的使用。
2. 熟练掌握图表的创建与编辑以及数据的管理与分析等操作。

二、实验内容

案例 1：学生成绩表的编辑与数据分析

1. 新建一个 Excel 文档，保存到 E 盘以"你的姓名"命名的文件夹下，以"学生成绩表.xlsx"命名。
2. 按照表 5 - 1 中的数据内容，建立"学生成绩表"。

表 5 - 1　学生成绩表

学号	姓名	性别	专业	计算机	英语	数学	总分	均分	奖学金
2001	丁东	男	计算机	75	86	66			
2002	牛杭	男	物联网	78.5	67	55			
2003	王路	女	物联网	96	88	89			
2004	李杰	女	计算机	94	93	89			
2005	肖寒	女	大数据	85	79	87			
2006	刘恒	男	大数据	85.5	65	78			
2007	张洋	女	物联网	64	56	69			
2008	吴磊	男	计算机	58.5	77	84			

3. 插入标题行，输入标题"2020 级计算机系学生成绩表"，将标题所在行的单元格 A1:J1 合并后居中；字体设为黑体，绿色，加粗，字号设为 22 号；对齐方式为水平、垂直居中，并设置背景色为黄色。

4. 将标题行的行高设为原来的 2 倍。

5. 给表格加上边框，内框用细线，线条颜色为蓝色，外框用粗线，线条颜色为红色。

6. 将表格中前 4 列数据的对齐方式设为水平、垂直居中对齐，其余数据设置为左对齐。

7. 用公式计算出每位同学的总分和平均分（保留 2 位小数）。

8. 设置条件格式，将不及格的成绩用红色加粗并加上删除线表示。

9. 假设平均分 90 分以上的同学每人奖励奖学金 500 元，没有获得奖学金的同学该列填充为 0。用公式计算每位同学的奖学金情况（提示：用 If 函数），并将奖学金列的数据格式设置为人民币货币格式。

10. 使用高级筛选功能筛选出英语成绩高于 80 分且计算机成绩高于 90 分的学生名单，筛选条件从 A14 单元格开始设置，筛选结果放置在第 16 行开始的位置。

11. 分类汇总出各专业各科目(包括总分与平均分)的平均成绩。

案例 2:图书销售情况统计与分析

在老师发送的图书销售统计表.xlsx 文件的基础上,按照如下要求完成统计和分析:

1. 将"Sheet1"工作表命名为"销售情况",将"Sheet2"命名为"图书定价"。

2. 在"图书名称"列右侧插入一个空列,输入列标题为"单价"。

3. 将工作表标题跨列合并后居中并适当调整其字体、加大字号,改变字体颜色。

4. 设置数据表对齐方式为居中及单价和小计的数值格式(保留 2 位小数)。

5. 根据图书编号,请在"销售情况"工作表的"单价"列中,使用 VLOOKUP 函数完成图书单价的填充。"单价"和"图书编号"的对应关系在"图书定价"工作表中。

6. 运用公式计算工作表"销售情况"中 H 列的小计。

7. 为工作表"销售情况"中的销售数据创建一个数据透视表,放置在一个名为"数据透视分析"的新工作表中,要求针对各书店比较各类书每天的销售额。其中,书店名称为列标签,日期和图书名称为行标签,并对销售额求和。

8. 根据生成的数据透视表,在透视表右侧创建一个簇状柱形图,图表中仅对博达书店一月份的销售额小计进行比较。

9. 保存 Excel 文档并退出。

三、实验步骤/操作指导

案例 1:学生成绩表的编辑与数据分析

1. 在 E 盘目录下新建一个以自己姓名命名的文件夹,在此文件夹中创建一个 Excel 文档,命名为"学生成绩表.xlsx"。

2. 按照表 5-1 中的数据,对学生成绩表进行输入。

3. 右键单击行号 1,在弹出的快捷菜单中选择"插入"命令,即可在第 1 行前插入一空白行,在 A1 单元格中输入标题"2020 级计算机系学生成绩表",选中 A1-J1 单元格,执行对齐方式选项组中的"合并后居中"命令;利用"开始"选项卡下"字体"选项组将字体设为黑体,绿色,加粗,字号为 22;然后单击"开始"选项卡中的"格式"下拉按钮,在其下拉菜单中选择"设置单元格格式"命令,弹出"设置单元格格式"对话框后,选择"对齐"选项,将水平与垂直对齐方式均设置为居中;然后切换到"填充"选项卡,给标题设置背景色为黄色。

4. 右键单击行号 1,在弹出的快捷菜单中选择"行高"命令,查看标题行行高为 27.5,在"行高"对话框中输入 55 即可。

5. 选中表格中所有单元格,然后单击"开始"选项卡中的"格式"下拉按钮,在其下拉菜单中选择"设置单元格格式"命令,弹出"设置单元格格式"对话框后,选择"边框"选项,将线条样式选择为细线条,并将颜色选择为蓝色,继续单击"预置"部分的"内边框"按钮;再将线条样式选择为粗线条,并将颜色选择为红色,继续单击"预置"部分的"外边框"按钮,最后单击"确定"按钮完成设置,如图 5-70 所示。

6. 选中表中数据区域前 4 列数据(即 A2:D10),单击"开始"选项卡中的"格式"下拉按钮,在其下拉菜单中选择"设置单元格格式"命令,弹出"设置单元格格式"对话框后,选择"对齐"选项,将水平与垂直对齐方式均设置为居中;选中数据区域中的其余单元格,选择"开始"选项卡中"对齐方式"选项组的"左对齐"命令。

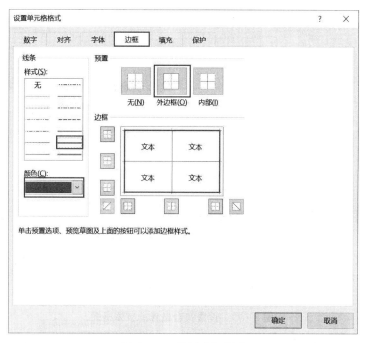

图 5 - 70　设置边框样式

7. 选中 H3 单元格,单击"开始"选项卡中"编辑"选项组的"求和"下拉按钮,在其下拉菜单中选择"求和"命令,按键确认输入,然后双击 H3 单元格的填充柄,对"总分"列数据进行计算;

选中 I3 单元格,单击"开始"选项卡中"编辑"选项组的"求和"下拉按钮,在其下拉菜单中选择"平均值"命令(注意将公式 = AVERAGE(E3:H3)修改为 = AVERAGE(E3: G3)),按回车键确认输入,然后双击 I3 单元格的填充柄,对"均分"列数据进行计算。

然后选中总分与均分数据(即 H3:I10 区域),在右键单击选中数据后弹出的快捷菜单中选择"设置单元格格式"命令,弹出"设置单元格格式"对话框,选择"数字"选项卡,在"分类"列表中选择"数值",将小数位数设置为"2",单击"确定"按钮完成设置。

8. 选中所有成绩区域(即 E3:I10 区域),单击"开始"选项卡中"样式"选项组的 "条件格式"下拉按钮,在其下拉菜单中选择"突出显示单元格规则"下的"小于"命令,在弹出的"小于"对话框中输入 60,然后选择"设置为"组合框中的"自定义格式…"命令,如图 5 - 71 所示;在弹出的"设置单元格格式"对话框中,将"字体"选项卡中的"字形"设置为"加粗","颜色"设置为"红色",勾选特殊效果中的"删除线",如图 5 - 72 所示。

图 5 - 71　设置"小于"对话框的参数

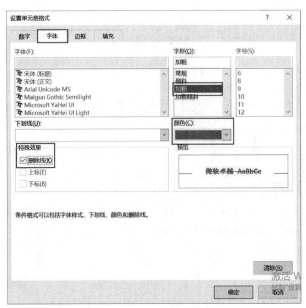

图 5‒72　设置符合条件的字体格式

9. 选中 J3 单元格,选择"公式"选项卡"函数库"选项组中的"插入函数"命令按钮,在弹出的"插入函数"对话框中选择"常用函数"类型中的 IF 函数,单击"确定"按钮后弹出"函数参数"对话框,在对话框中输入相应参数,如图 5‒73 所示,单击"确定"按钮,然后双击 J3 单元格的自动填充柄,将奖学金列数据自动填充。

注意:此处的公式也可以直接输入,方法是在 J3 单元格中输入"=IF(I3>90,500,0)",按回车键确认输入即可。

继续选中奖学金数据(即 J3:J10),右键单击选中区域,在弹出的快捷菜单中选择"设置单元格格式"命令,在弹出的"设置单元格格式"对话框中选择"数字"选项卡,在"分类"列表中选择"货币",将小数位数设置为"0",货币符号设置为人民币样式,单击"确定"按钮完成设置。

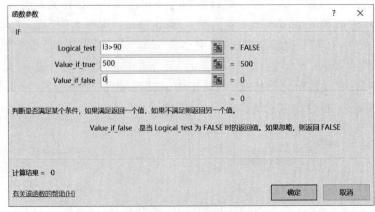

图 5‒73　IF 函数参数设置

10. 在 A14 单元格输入"英语",在 B14 单元格中输入"计算机",在 A15 单元格中输入">80",B15 单元格中输入">90",然后单击"数据"选项卡下"排序和筛选"组中的"高级"按钮,弹出"高级筛选"对话框,选中"将筛选结果复制到其他位置",单击"列表区域"后的"折叠对话框"按钮,选择列表区域"学生成绩表！\$A\$2:\$J\$10",单击"条件区域"后的"折叠对话框"按钮,选择"条件区域""学生成绩表！\$A\$14:\$B\$15",单击"复制到"后的"折叠对话框"按钮,选择单元格 A16,按回车键展开"高级筛选"对话框,最后单击"确定"按钮,如图 5-74 所示。

高级筛选的条件与结果如图 5-75 所示。

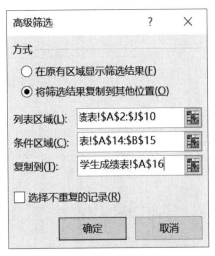

图 5-74　设置高级筛选对话框

14	英语	计算机								
15	>80	>90								
16	学号	姓名	性别	专业	计算机	英语	数学	总分	均分	奖学金
17	2003	王路	女	物联网	96	88	89	273.00	91.00	¥500
18	2004	李杰	女	计算机	94	93	89	276.00	92.00	¥500

图 5-75　高级筛选的条件与结果

11. 分类汇总可分解为以下两个步骤执行:

(1) 首先按"专业"字段进行排序(降序或升序均可),具体操作步骤为:把光标定位到"专业"这一列中的任一单元格,然后单击"数据"选项卡中"排序和筛选"选项组的"升序排列"按钮;

(2) 选中待分类汇总的数据区域(即 A2:J10 区域),然后依次选择"数据"选项卡中的"分级显示"选项组中的"分类汇总"命令,弹出"分类汇总"对话框,"分类字段"应为"专业","汇总方式"应为"平均值","选定汇总项"中将各科目、总分与均分全部勾选,最后单击"确定"按钮,如图 5-76 所示。

分类汇总结果如图 5-77 所示。

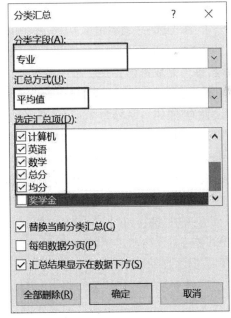

图 5-76　设置分类汇总对话框

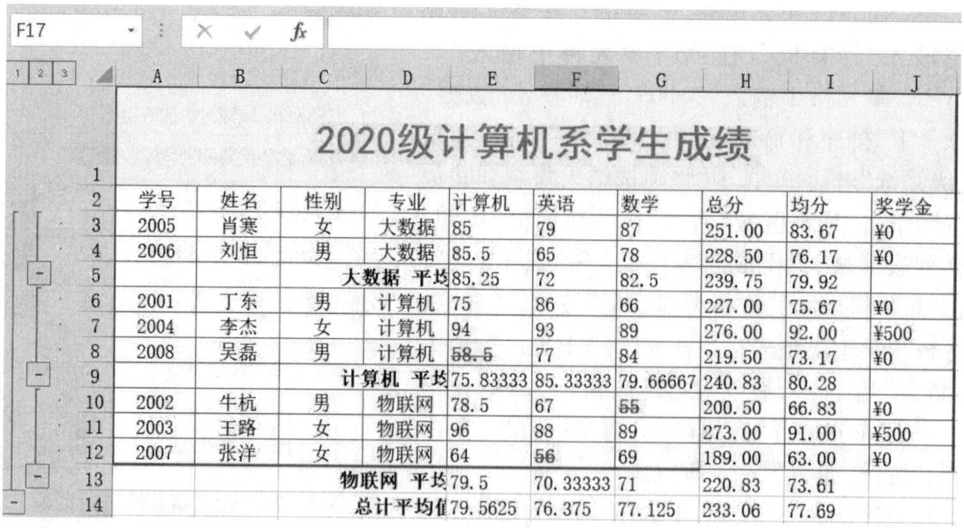

	A	B	C	D	E	F	G	H	I	J
1				**2020级计算机系学生成绩**						
2	学号	姓名	性别	专业	计算机	英语	数学	总分	均分	奖学金
3	2005	肖寒	女	大数据	85	79	87	251.00	83.67	¥0
4	2006	刘恒	男	大数据	85.5	65	78	228.50	76.17	¥0
5				大数据 平均	85.25	72	82.5	239.75	79.92	
6	2001	丁东	男	计算机	75	86	66	227.00	75.67	¥0
7	2004	李杰	女	计算机	94	93	89	276.00	92.00	¥500
8	2008	吴磊	男	计算机	58.5	77	84	219.50	73.17	¥0
9				计算机 平均	75.83333	85.33333	79.66667	240.83	80.28	
10	2002	牛杭	男	物联网	78.5	67	55	200.50	66.83	¥0
11	2003	王路	女	物联网	96	88	89	273.00	91.00	¥500
12	2007	张洋	女	物联网	64	56	69	189.00	63.00	¥0
13				物联网 平均	79.5	70.33333	71	220.83	73.61	
14				总计平均值	79.5625	76.375	77.125	233.06	77.69	

图 5-77　分类汇总结果

案例 2：图书销售情况统计与分析

1. 在"Sheet1"工作表标签上右键单击,在弹出的快捷菜单中选择"重命名",输入"销售情况";双击"Sheet2"工作表标签,输入"图书定价"即可。

2. 选中"销售情况"工作表中的 F 列后右键单击,在弹出的快捷菜单中选择"插入"命令,即可在"图书名称"列右侧插入一个空白列,在 F2 单元格中输入列标题"单价"。

3. 首先选中"销售情况"工作表中的 A1:H1 区域,然后单击"开始"选项卡下"对齐方式"组中的"合并后居中",在其下拉按钮中选择"跨越合并"命令,然后单击"合并后居中"命令,即可完成跨列合并后居中操作;

然后再利用"开始"选项卡下的"字体"选项组中相应命令进行字体格式设置,例如,字体设置为"黑体",字号为 22,字体颜色为红色等。

4. 选中"销售情况"工作表中的 A1:H33 区域,单击"开始"选项卡下的"对齐方式"选项组中的"居中"命令,然后同时选中"单价"和"小计"两列,在选中内容上右键单击,在弹出的快捷菜单中选择"设置单元格格式"命令,弹出"设置单元格格式"对话框,然后选择"数字"选项卡,在"分类"中选择"数值",将小数位数设置为"2"。

5. 选中"销售情况"工作表中的 F3 单元格,输入公式"=VLOOKUP(D3,图书定价！\$A\$2:\$C\$19,3,0)",按回车键确认输入,然后双击 F3 单元格的自动填充柄,完成单价列数据的自动填充。

6. 选中"销售情况"工作表中的 H3 单元格,输入公式"=F3 * G3",按回车键确认输入,然后双击 H3 单元格的自动填充柄,完成小计列数据的自动填充。

7. 选中"销售情况"工作表中的 A2:H33 区域,然后单击"插入"选项卡下"表格"选项组中的"数据透视表"按钮,在弹出的"创建数据透视表"对话框中单击"确认"按钮,会新建一个名为"Sheet1"的新工作表,将"Sheet1"重新命名为"数据透视分析"。在"数据透视分析"工作表右侧的"数据透视表字段"窗格中,将"书店名称"字段拖动至"列",将"日期"和"图书名称"字段拖动至"行",并将"小计"字段拖动至"值"即可完成设置,如图 5-78 所示。

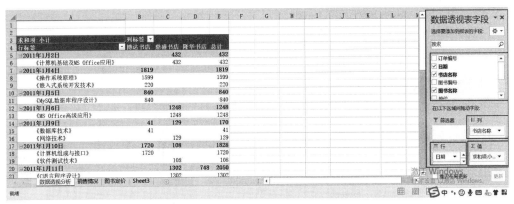

图 5-78 设置数据透视表字段窗格

8. 选中数据透视表中的任一单元格,然后单击"插入"选项卡下"图表"选项组中的"插入柱形图或条形图",选择其下拉按钮下"二维柱形图"中的"簇状柱形图"命令,创建一个数据透视图,在右侧"书店名称"下拉列表中选择"博达书店",然后在"日期"下拉列表中选择所有一月份的日期。最后将创建好的数据透视图放置在数据透视表的右侧,并适当调整大小。

9. 将 Excel 文档保存后退出。

四、实验效果图

案例 1 操作完成结果如图 5-79 所示。

图 5-79 案例 1 参考结果

案例2 操作完成结果如图5-80所示。

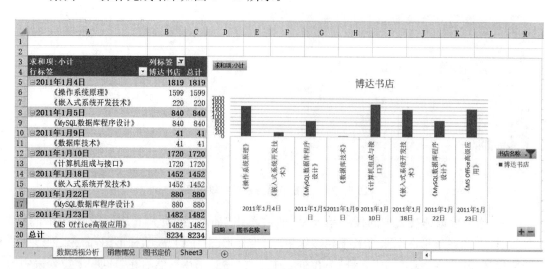

图5-80 案例2参考结果

五、实验思考题

1. 采购部助理小何负责统计本公司各销售部本月销售数据,按照下列要求帮助小何完成相关数据的整理、统计和分析工作。

(1) 将"Excel_素材.xlsx"文件另存为"Excel.xlsx"(".xlsx"为文件扩展名),后续操作均基于此文件,否则不得分。操作过程中,不可以随意改变原工作表素材数据的顺序。

(2) 按照下列要求对素材"Excel.xlsx"中的4个工作表"第1周"—"第4周"中的原始数据进行完善:

① 在每个工作表C、D、E、F四个销量列的空白单元格中输入数字0。

② 分别计算每个工作表中4个销售部的周销量合计值,并填入G列。

③ 分别计算每个工作表中的周销售总额,并填入H列。

④ 分别将每个工作表中的数据区域定义为与工作表相同的名称。

⑤ 将4个工作表中的数据以求和方式合并到新工作表"月销售合计"中,合并数据自工作表"月销售合计"的A1单元格开始填列。

(3) 按照下列要求对新工作表"月销售合计"中的数据进行调整、完善:

① 依据下表输入或修改列标题,并按"名称"升序排列数据区域。

单元格	列标题内容
A1	名称
B1	平均单价
G1	月销量
H1	月销售额

② 将数据区域中月销量为零的菜品行删除。

③ 删除 B 列中的合并单价,根据合并后的月销量及月销售总额重新计算平均单价。

④ 在 A、B 两列之间插入一个空列,列标题输入"类别"。

⑤ 为整个数据区域套用一个表格格式,适当加大行高、并自动调整各列列宽至合适的大小。

⑥ 锁定工作表的第 1 行和第 1 列,使之始终可见。

(4) 在工作簿"Excel.xlsx"的最右侧创建一个名为"品种目录"的工作表,工作表标签颜色设为标准红色。将以制表符分隔的文本文件"蔬菜主要品种目录.txt"自 A1 单元格开始导入到工作表"品种目录"中,要求"编号"列保持原格式。

(5) 根据工作表"品种目录"中的数据,在工作表"月销售合计"的 B 列中为每个菜品填入相应的"类别",如果某一菜品不属于"品种目录"的任何一个类别,则填入文本"其他"。

(6) 以"月销售合计"为数据源,参照工作表"示例"中的图示、自新工作表"数据透视"的 A3 单元格开始生成数据透视表,要求如下:

① 列标题应与示例相同。

② 按月销售额由高到低进行排序,仅"茄果类"展开。

③ 设置销售额和销售量的数字格式,适当改变透视表样式。

"微信扫码"

相关资源 & 拓展阅读

第6章　Powerpoint 2016 的使用

本章实验内容为 Powerpoint 演示文稿制作，主要包括演示文稿的基本操作、演示文稿的内容设置、对象的动画设置、演示文稿的放映和打印等内容。最后设计了 1 个 Powerpoint 综合实验，目的是考查学生综合应用 Powerpoint 2016 软件并制作演示文稿的能力。

实验 6.1　制作"计算机的发展"演示文稿

一、实验要求

1. 掌握幻灯片版式的基本操作方法。
2. 掌握幻灯片切换效果的设置方法。
3. 掌握幻灯片中动画效果的设置方法。
4. 掌握幻灯片中插入图形图片的设置方法。

二、实验内容

根据实验素材"PPT—素材. docx"及相应图片，按照下列要求新建"实验 6.1. pptx"文件并保存。

1. 新建一个演示文稿包含七张幻灯片，设计第一张为"标题幻灯片"版式，第二张为"仅标题"版式，第三到第六张为"两栏内容"版式，第七张为"空白"版式；所有幻灯片统一设置主题为"水滴"，设置背景颜色为"预设渐变"，渐变颜色为"顶部聚光灯-个性色 1"。

2. 第一张幻灯片标题为"计算机发展简史"，副标题为"计算机发展的四个阶段"；第二张幻灯片标题为"计算机发展的四个阶段"；在标题下面空白处插入 SmartArt 图形，格式为"基本流程"，要求含有四个文本框，在每个文本框中依次输入"第一代计算机""第二代计算机""第三代计算机""第四代计算机"，在"SmartArt 样式"中更改颜色为"彩色范围-个性色 5 至 6"，在"SmartArt 样式"→"其他"中调整样式为"三维"→"优雅"，并调整字体为仿宋，字号 26。

3. 第三张至第六张幻灯片，标题内容分别为素材"PPT—素材. docx"中各段的标题；左侧内容为各段的文字介绍，加项目符号"带填充效果的大方型项目符号"■，并将文字介绍字体大小设置为 20，段落行距为 1.5 倍；右侧为考生文件夹下存放相对应的图片，第六张幻灯片需插入两张图片（"第四代计算机- 1. JPG" 在上，"第四代计算机- 2. JPG"在下），适当调整图片大小；在第七张幻灯片中插入艺术字，样式为"填充-蓝色，着色 1，阴影",字体大小为 60,内容为"谢谢!",将"艺术字样式"→"文本效果"修改为"三维旋转"→"左透视"。

4. 将第一张幻灯片的副标题动画效果设置为"浮入"→"上浮",第三到第六张幻灯片的图片设置动画效果为"飞入"→"自右侧""擦除"→"自顶部""随机线条"→"垂直""劈裂"→"中央向左右展开"(上图)"形状"→"方向"→"切出、形状"→"菱形"(下图),第二张幻灯片的四个文本框超链接到相应内容幻灯片;为各张幻灯片设置切换效果和效果选项依次为"分割"→"中央向左右展开""随机线条"→"水平""闪光""缩放"→"切入""溶解""立方体"→"自左侧""帘式"。

5. 将演示文稿"实验 6.1.pptx"保存。并另存演示文稿文件名为"计算机发展史.pptx"于考生文件夹内。

三、实验步骤

1.【解题步骤】

(1) 打开 Powerpoint2016 演示文稿,创建一个空白演示文稿。单击左上角"文件"→"保存"→"浏览",将文件命名为"实验 6.1.pptx",并保存至 E 盘的考生文件夹中。

(2) 在"开始"选项卡下"幻灯片"组中单击"版式"按钮,在弹出的下拉列表中选择"标题幻灯片",如图 6-1 所示。

图 6-1　幻灯片版式

(3) 单击"开始"选项卡下"幻灯片"组中"新建幻灯片"下拉按钮,在弹出的下拉列表中选择"仅标题"。按同样方法新建第三张到第六张幻灯片为"两栏内容"版式,第七张为"空白"版式。

(4) 在"设计"选项卡下"主题"组中单击"其他"下拉按钮,如图 6-2 所示,在弹出的下拉列表中选择"水滴"主题,并在"自定义"选项卡下单击"设置背景格式"按钮,在右侧出现的设置背景格式区域单击"渐变填充"按钮,在"预设渐变"下拉列表框中选择"顶部聚光灯-个性色 1",单击下方"全部应用"按钮,然后单击右上角"关闭×"按钮完成设置。

图 6-2　幻灯片版式设计

2.【解题步骤】

占位符的基本名称如图 6-3 所示,具体如何使用将在实验 6.3 讲解。

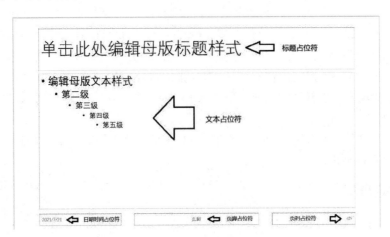

图 6-3　占位符

(1) 选中第一张幻灯片,在标题占位符中输入"计算机发展简史"字样。在副标题占位符中输入"计算机发展的四个阶段"字样,如图 6-4 所示。

图 6-4　标题幻灯片

(2) 选中第二张幻灯片,在标题占位符中输入"计算机发展的四个阶段"字样。

(3) 选中第二张幻灯片,在"插入"选项卡下"插图"组中单击"SmartArt"按钮,弹出"选择 SmartArt 图形"对话框,选择"流程"列表下的"基本流程",单击"确定"按钮。选中第三个文本框,在"SmartArt 工具""设计"选项卡下"创建图形"组中单击"添加形状"下拉按钮,从弹出的下拉列表中选择"在后面添加形状"。

(4) 在上述四个文本框中依次输入"第一代计算机""第二代计算机""第三代计算机""第四代计算机"。

(5) 更改图形颜色:选中 SmartArt 图形,在"SmartArt 工具""设计"选项卡下"SmartArt 样式"组中单击"更改颜色"下拉按钮,弹出下拉列表,选择"彩色-个性色 5 至 6"。在"SmartArt 样式"组中选择"其他",将样式设置为"优雅"。

（6）调整上述文本框中的字体字号，选中 SmartArt 图形，在"开始"选项卡下"字体"组中调整字体为"仿宋"和字号为"26"（小技巧：字号可以直接输入），如图 6－5 所示。

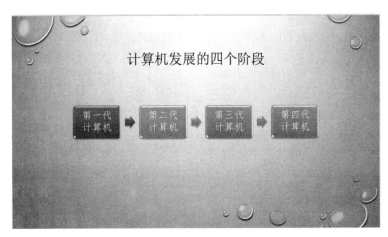

图 6－5 仅标题幻灯片

3.【解题步骤】

（1）选中第三张幻灯片，在标题占位符中复制粘贴素材中的第一个标题"第一代计算机：电子管数字计算机（1946—1958 年）"字样。同样将素材中第一段的文字内容复制粘贴到该幻灯片的左侧内容区，并将字体大小设置为 20。选中该文本占位符，将"段落"选项卡中的行距选项卡下拉，选择行距为"1.5 倍行距"。

（2）选中左侧内容区文字，单击"开始"选项卡下"段落"组中的"项目符号"按钮，在弹出的下拉列表中选择"带填充效果的大方型项目符号"█。

（3）在右侧的文本区域单击"插入来自图片的文件"按钮，弹出"插入图片"对话框，从所给素材里选择"第一代计算机.jpg"，单击"插入"按钮即可插入图片。

（4）按照上述同样方法，使第四张至第六张幻灯片，标题内容分别为素材中各段的标题，左侧内容为各段的文字介绍，加项目符号，右侧为考生文件夹下存放相对应的图片，第六张幻灯片需插入两张图片（"第四代计算机-1.JPG"在上，"第四代计算机-2.JPG"在下），适当调整图片大小和位置。选择第三张幻灯片文本占位符内的文本，双击"剪贴板"中的"格式刷"，将格式复制到第四到六张幻灯片的文本占位符，复制完成后单击"格式刷"停止复制。

（5）选中第七张幻灯片，单击"插入"选项卡下"文本"组中的"艺术字"按钮，从弹出的下拉列表中选择"填充-蓝色，着色 1，阴影"，字体大小为 60，输入文字"谢谢！"，单击"绘图工具"选项卡下的"艺术字样式"组中的"文本效果"，从弹出的下拉列表中选择"三维旋转-左透视"，如图 6－6 所示。

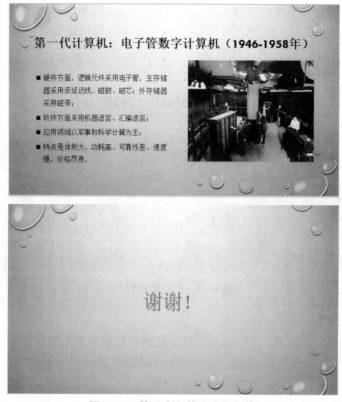

图6-6   第三张和第七张幻灯片

4.【解题步骤】

(1) 选中第一张幻灯片的副标题,在"动画"选项卡"动画"组中单击"浮入"动画样式,在右侧效果选项选择"上浮"。按同样的方法可为第三到第六张幻灯片的图片设置相应的动画效果。

(2) 选中第二张幻灯片的第一个文本框"第一代计算机"外框,使其显示为实线框,单击"插入"选项卡下"链接"组中的"超链接"按钮,弹出"插入超链接"对话框,在"链接到:"下方单击"本文档中的位置",在"请选择文档中的位置"中单击第三张幻灯片,然后单击"确定"按钮。按照同样方法将剩下的三个文本框超链接到相应内容幻灯片。

(3) 在左侧幻灯片大纲栏中选中第一张幻灯片,在"切换"选项卡的"切换到此幻灯片"组中选择"分割",在右侧效果选项选择"中央向左右展开",用同样的方法将剩下的二到七张幻灯片分别设置对应的切换方式。

5.【解题步骤】

将演示文稿"实验6.1.pptx"保存,并单击"文件"→"另存为",选择最下方"浏览",另存演示文稿文件名为"计算机发展史.pptx"于考生文件夹内。

四、实验思考题

1. 如果需要在一个演示文稿的所有幻灯片的同一位置插入同一张图片,要使用什么功能?

2. 动画和幻灯片切换有什么区别?

实验 6.2　演示文稿的放映和打印

一、实验要求

1. 掌握幻灯片的放映设置。
2. 掌握幻灯片的打印。

二、实验内容

1. 在实验 6.1 的基础上,按下述步骤,设置幻灯片的放映方式,并设置此幻灯片的打印方式。
2. 设置完毕后,观看放映效果。
3. 打印演示文稿

三、实验步骤

1. 设置幻灯片放映方式

(1) 单击"幻灯片放映"选项卡,选择"设置"组中的"设置幻灯片放映"命令,调出"设置放映方式"对话框,如图 6‐7 所示。

图 6‐7　设置放映方式

(2) 在"放映类型"栏中选择适当的放映类型。演讲者放映(全屏幕):选择此项可运行全屏显示的演示文稿。观众自行浏览(窗口):选择此项可运行小规模的演示。在展台浏览(全屏幕):选择此项可自动运行演示文稿。

(3) 在"放映幻灯片"栏中设置要放映的幻灯片。

2. 观看幻灯片放映

(1) 在 Powerpoint 2016 中打开要放映的幻灯片。

(2) 单击演示文稿窗口右下角的"幻灯片放映(从当前幻灯片开始)"按钮即可开始放映。此外,单击"幻灯片放映"选项卡中的"从当前幻灯片开始"命令或按 F5 键也可以开始放映。

(3) 如果想停止幻灯片放映,按 Esc 键即可。也可以在幻灯片放映时单击鼠标右键,然后在弹出的快捷菜单中选择"结束放映"菜单命令。

3. 演示文稿的打印

(1) 打开"计算机的发展.pptx"演示文稿。选择"文件"菜单中的"打印"命令,打开"打印"对话框,如图 6-8 所示,在该对话框中设置打印参数。

图 6-8   打印窗口

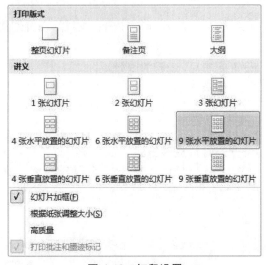

图 6-9   打印设置

(2) 在上部窗格的"份数"微调中指定打印的份数。

(3) 在"打印机"下拉列表框中选择所需的打印机。

(4) 在"设置"选项组中指定演示文稿的打印范围,可以指定打印演示文稿中的全部幻灯片、当前幻灯片或选定幻灯片。如果要打印选定的幻灯片,可单击"幻灯片"单选按钮,并在其右侧的文本框中输入对应的幻灯片的编号。如果打印非连续的幻灯片,则输入幻灯片编号,并以逗号分隔。对于某个范围的连续编号,可以输入该范围的起始编号和终止编号,并以连字符相连。例如,如果要打印第 2,5,6,8 号幻灯片,则可以在文本框中输入"2,5-8"。

(5) 在"整页幻灯片"列表框中确定打印的内容,如幻灯片、讲义、备注页、大纲等。每到期末考试,很多同学要打印老师的课件,这个时候就要使用 Powerpoint 的讲义打印功能。"讲义"选项栏中对多张幻灯片有水平和垂直两种排列方式,并可以设置每页打印的幻灯片的张数,如图 6-9 所示。

(6) 单击"打印"按钮,即可开始打印演示文稿。

四、实验思考题

1. 要退出正在播放的幻灯片,可以通过按什么键来完成?

2. 要设置幻灯片放映的时间,应使用什么功能?

实验 6.3　**Powerpoint 综合实验**

一、实验目的

通过综合实验熟练掌握演示文稿的建立、编辑、格式化以及演示文稿的放映等操作。

二、实验内容

小张要制作一份介绍世界动物日的 Powerpoint 演示文稿。按照下列要求,帮助他完成演示文稿的制作。

1. 新建一个空白演示文稿,将其命名为"世界动物日.pptx"(".pptx"为文件扩展名),之后所有的操作均基于此文件。

2. 将幻灯片大小设置为"全屏显示(16:10)",然后按照如下要求修改幻灯片母版:

(1) 将幻灯片母版名称修改为"世界动物日";母版标题应用"填充-白色,轮廓-着色 1,发光-着色 1"的艺术字样式,文本轮廓颜色为"蓝色,个性色 1",字体为"微软雅黑",并应用加粗效果;母版文本占位符各级文字样式设置为"方正姚体",文字颜色为"蓝色,个性色 1"。

(2) 使用"图片 1.jpg"作为标题幻灯片版式的背景。

(3) 新建名为"世界动物日 1"的自定义版式,在该版式中插入"图片 2.jpg",并对齐幻灯片左侧边缘;调整标题占位符的宽度为 16 厘米,将其置于图片右侧水平位置 8.8 厘米,垂直位置 1 厘米的位置;在标题占位符下方插入内容占位符,宽度为 16 厘米,高度为 9.5 厘米,并与标题占位符左对齐,放置于垂直位置 4.5 厘米。设置标题占位符文字大小为40,文字居中对齐。

(4) 依据"世界动物日 1"版式创建名为"世界动物日 2"的新版式,在"世界动物日 2"版式中将内容占位符的宽度调整为 9 厘米(保持与标题占位符左对齐);在内容占位符右侧插入宽度为 6.6 厘米、高度为 9.5 厘米的图片占位符,并与左侧的内容占位符顶端对齐,与上方的标题占位符右对齐。保存并关闭母版视图。

3. 演示文稿共包含 7 张幻灯片,所涉及的文字内容保存在"文字素材.docx"文档中,具体所对应的幻灯片可参见"完成效果.docx"文档所示样例。其中第一张幻灯片的版式为"标题幻灯片",第二张幻灯片、第四至第七张幻灯片的版式为"世界动物日 1",第三张幻灯片的版式为"世界动物日 2";所有幻灯片中的文字字体保持与母版中的设置一致。

4. 在第二张幻灯片中的标题占位符中输入"内容一览",幻灯片文字内容参照"文字素材.docx"。其下内容占位符转换为 SmartArt 图形,布局为"垂直曲形列表",图形中的字体为"方正姚体",根据素材所给内容填充文字,为 SmartArt 图形中包含文字内容的 5个矩形形状分别建立超链接,链接到后面对应内容的幻灯片。

5. 在第三张幻灯片右侧的图片占位符中插入图片"图片 3.jpg";左侧文字大小设置为 16,字体保持不变。对文字内容和其右侧的图片添加"淡出"进入动画效果,并设置在放映时左侧文字内容首先自动出现,在该动画播放完毕且延迟 1 秒钟后,右侧图片再自动出现。

6. 将第四张幻灯片中的文字转换为8行2列的表格,适当调整表格的行高、列宽以及表格样式为"浅色样式3-强调1";设置文字字体为"方正姚体",字体颜色为"白色,背景1";并应用图片"表格背景.jpg"作为表格的背景。

7. 在第七张幻灯片的内容占位符中插入视频"动物相册.wmv",并使用图片"图片1.jpg"作为视频剪辑的预览图像。

8. 在第一张幻灯片中插入"背景音乐.mid"文件作为第一至第六张幻灯片的背景音乐(即跨幻灯片播放且第六张幻灯片放映结束后背景音乐停止),放映时隐藏图标。

9. 为演示文稿中的所有幻灯片设置切换效果,分别为"分割""时钟""闪光""缩放""碎片""翻转""飞过",并设置第一至第六张幻灯片的自动换片时间为10秒钟,第七张幻灯片的自动换片时间为50秒。

10. 为演示文稿插入幻灯片编号,页脚和自动更新日期,页脚内容为"世界动物日",编号从1开始,标题幻灯片中不显示。

11. 将建立好的演示文稿进行保存。

三、实验步骤

1.【解题步骤】

步骤:新建一个空白演示文稿,将其命名为"世界动物日.pptx"。

2.【解题步骤】

单击"设计"选项卡下"自定义"组中的"幻灯片大小"下拉列表,弹出"幻灯片大小"对话框,将"幻灯片大小"设置为"全屏显示(16:10)",单击"确定"按钮。

(1)单击"视图"选项卡下"母版视图"组中的"幻灯片母版"按钮,进入幻灯片母版视图设计界面。如图6-10所示,可以看到标号1的是幻灯片母版,幻灯片母版是存储关于模板信息的设计模板(设计模板:包含演示文稿样式的文件,包括项目符号和字体的类型及大小、占位符大小和位置、背景设计和填充、配色方案以及幻灯片母版和可选的标题母版)的一个元素,这些模板信息包括字形、占位符(占位符:一种带有虚线或阴影线边缘的框,绝大部分幻灯片版式中都有这种框。在这些框内可以放置标题及正文,或者是图表、表格和图片等对象)、大小和位置、背景设计和配色方案(配色方案:作为一套的八种协调色,这些颜色可应用于幻灯片、备注页或听众讲义。配色方案包含背景色、线条和文本颜色以及选择的其他六种使幻灯片更加鲜明易读的颜色)。只需更改一项内容就可更改所有幻灯片的设计。

而占位符,通常表现为一个虚框,虚框内部往往有"单击此处添加标题"之类的提示语,一旦鼠标点击之后,提示语会自动消失。要创建自己的模板时,占位符就显得非常重要,它能起到规划幻灯片结构的作用。占位符的主要作用是文档排版。进行幻灯片设计时,可根据需要在幻灯片的某些位置放置图片或其他对象,若暂不确定所要放置的具体图片或对象,可在对应位置放置图片占位符,待后期具体实现时再将所选定的图片插入在相应位置。占位符主要有10种,如图6-11所示。

图 6‑10　幻灯片母版

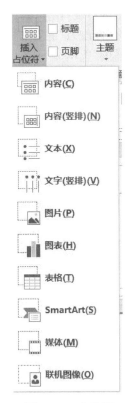

图 6‑11　占位符

单击"幻灯片母版"选项卡下"编辑母版"组中的"重命名"按钮,弹出"重命名版式"对话框,将幻灯片母版版式名称修改为"世界动物日",单击"重命名"按钮。在幻灯片母版上悬停如图 6‑12所示。

图 6‑12　幻灯片母版重命名

选中幻灯片母版中的标题文本框,单击"绘图工具/格式"选项卡下"艺术字样式"组中的"其他"按钮,在下拉艺术字样式列表框中选择"填充‑白色,轮廓‑着色 1,发光‑着色 1",单击右侧的"文本轮廓"按钮,在下拉列表中选择"主题颜色"→"蓝色,个性色 1",在"开始"选项卡下"字体"组中将"字体"设置为"微软雅黑",并应用加粗效果。

选中下方的各级母版文本,在"字体"组中将"字体"设置为"方正姚体",文字颜色设置为"蓝色,个性色 1"。

(2) 在母版视图中选中"标题幻灯片"版式,在"背景"选项卡中选择"背景样式"下拉列表菜单,在弹出的菜单中选择"设置背景格式",右侧会出现"设置背景格式"对话框,在"填充"选项中选择"图片或纹理填充",在"插入图片来自"中选择单击"文件"按钮,弹出"插入图片"对话框,浏览考生文件夹,选中"图片 1.jpg"文件,单击"插入"按钮。单击"关闭"按钮,关闭"设置背景格式"对话框。

(3) 单击"幻灯片母版"选项卡下"编辑母版"组中的"插入版式"按钮,选中新插入的版式,单击鼠标右键,在弹出的快捷菜单中选择"重命名版式",弹出"重命名版式"对话框,将"版式名称"修改为"世界动物日1",单击"重命名"按钮。

单击"插入"选项卡下"图像"组中的"图片"按钮,弹出"插入图片"对话框,选中考生文件夹中的"图片2.jpg",单击"插入"按钮。选中新插入的图片文件,单击"图片工具/格式"选项卡下"排列"组中的"对齐"按钮,在下拉列表中选择"左对齐"。

选中标题占位符,在"绘图工具/格式"选项卡下的"大小"组中将"宽度"调整为16厘米,放置于水平位置8.8厘米,垂直位置1厘米的位置。

单击"幻灯片母版"选项卡下"母版版式"组中的"插入占位符"按钮,在下拉列表中选择"内容",在标题占位符下方使用鼠标绘制出一个矩形框。选中该内容占位符对象,在"绘图工具/格式"选项卡下"大小"组中调整宽度为16厘米,高度为9.5厘米,并与标题占位符左对齐,放置于垂直位置4.5厘米。设置标题占位符文字大小为40,文字居中对齐(小技巧:同时选中标题占位符文本框和内容占位符文本框,单击"绘图工具/格式"选项卡下"排列"组中的"对齐"按钮,在下拉列表中选择"左对齐",使内容占位符文本框与上方的标题占位符文本框左对齐)。

(4) 选中"世界动物日1"版式,单击鼠标右键,在弹出的快捷菜单中选择"复制版式",在下方复制出一个"1_世界动物日1版式",单击该版式,在弹出的快捷菜单中选择"重命名版式",弹出"重命名版式"对话框,将版式名称修改为"世界动物日2",单击"重命名"按钮。

选中内容占位符文本框,在"绘图工具/格式"选项卡下"大小"组中将"宽度"调整为"9厘米"。

单击"幻灯片母版"选项卡下"母版版式"组中的"插入占位符"按钮,在下拉列表中选择"图片",在内容占位符文本框右侧使用鼠标绘制出一个矩形框。选中该图片占位符文本框,在"绘图工具/格式"选项卡下"大小"组中将"高度"调整为"9.5厘米",将"宽度"调整为"6.6厘米"。

同时选中左侧的"内容占位符文本框"和右侧的"图片占位符文本框",单击"绘图工具/格式"选项卡下"排列"组中的"对齐"按钮,在下拉列表中选择"顶端对齐",使"内容占位符文本框"与"图片占位符文本框"顶端对齐。同理,同时选中上方的"标题占位符文本框"和下方的"图片占位符文本框",单击"绘图工具/格式"选项卡下"排列"组中的"对齐"按钮,在下拉列表中选择"右对齐",使图片占位符文本框与上方的标题占位符文本框右对齐。

单击"绘图工具/格式"选项卡下"关闭"组中的"关闭母版视图"按钮。

3.【解题步骤】

(1) 在"世界动物日.pptx"演示文稿中,单击"开始"选项卡下"幻灯片"组中的"新建幻灯片"按钮,创建七张演示文稿。

(2) 选中第一张幻灯片,单击"幻灯片"组中的"版式"按钮,在下拉列表中选择"标题幻灯片"。按照同样方法,将第二、第四至第七张幻灯片的版式设置为"世界动物日1",将第三张幻灯片版式设置为"世界动物日2"。幻灯片中所有文字字体均保持默认,即和母版中保持一致。

(3) 参考考生文件夹下的"完成效果.docx"文件,将"文字素材.docx"文件中的文本信息复制到相对应的演示文稿中。

4.【解题步骤】

（1）选中第二张幻灯片内容文本框，单击"开始"选项卡下"段落"组中的"转换为 SmartArt"按钮，在下拉列表中选择"其他 SmartArt 图形"按钮，弹出"选择 SmartArt 图形"对话框，选择"列表/垂直曲形列表"，单击"确定"按钮。

（2）选中 SmartArt 对象，在"开始"选项卡下"字体"组中，将"字体"设置为"方正姚体"。

（3）选中 SmartArt 对象中的第 1 个矩形（不是文本），单击鼠标右键，在弹出的快捷菜单中选择"超链接"，弹出"插入超链接"对话框，选择左侧的"本文档中的位置"，在右侧选中相应的链接目标，单击"确定"按钮。

（4）按照上述方法，为其余 4 个矩形添加相应的超链接。

5.【解题步骤】

（1）选中第三张幻灯片，在幻灯片右侧的图片占位符文本框中，单击"插入来自文件的图片"，弹出"插入图片"对话框，浏览考生文件夹，选择"图片 3.jpg"文件，单击"插入"按钮。

（2）选中左侧的内容本文框，单击"动画"选项卡下"动画"组中的"淡出"进入效果，单击右侧的"计时"组，将"开始"设置为"上一动画之后"。再选中右侧的图片对象，单击"动画"组中的"淡出"进入效果，单击右侧的"计时"组，将"开始"设置为"上一动画之后"，将"延迟"设置为"01.00"。

6.【解题步骤】

（1）选中第四张幻灯片，单击"插入"选项卡下"表格"组中的"表格"按钮，在下拉列表中选择"插入表格"命令，弹出"插入表格"对话框，将"列数"设置为"2"，将"行数"设置为"8"，单击"确定"按钮。

（2）将文本框中的内容，剪切粘贴到表格单元格中，适当调整行高与列宽，选中表格对象，单击"表格工具/设计"选项卡下"表格样式"组中的"其他"按钮，在下拉列表中选择表格样式为"浅色样式 3-强调 1"。

（3）选中整个表格对象，在"开始"选项卡下"字体"组中，将字体设置为"方正姚体"，将字体颜色设置为"白色，背景 1"。

（4）选中表格对象，单击鼠标右键，在弹出的快捷菜单中选择"设置形状格式"命令，左侧弹出"设置形状格式"对话框，在"填充"选项中，选择"图片或纹理填充"，单击下方的"文件"按钮，弹出"插入图片"对话框，浏览考生文件夹，选中"表格背景.jpg"文件，单击"插入"按钮。

7.【解题步骤】

（1）选中第七张幻灯片，单击内容占位符文本框中的"插入媒体剪辑"按钮，弹出"插入视频文件"对话框，浏览考生文件夹，选中"动物相册.wmv"文件，单击"插入"按钮。

（2）单击"视频工具/格式"选项卡下"调整"组中的"标牌框架"按钮，在下拉列表中选择"文件中的图像"。弹出"插入图片"对话框，浏览考生文件夹，选中"图片 1.jpg"文件，单击"插入"按钮。

8.【解题步骤】

（1）选中第一张幻灯片，单击"插入"选项卡下"媒体"组中的"音频"按钮，在下拉列表中选择"文件中的音频",弹出"插入音频"对话框,浏览考生文件夹,选中"背景音乐. mid"文件,单击"插入"按钮。

(2) 在"音频工具/播放"选项卡下"音频选项"组中,将"开始"设置为"跨幻灯片播放",勾选"循环播放,直到停止"和"放映时隐藏"复选框。

(3) 单击"动画"选项卡下"高级动画"组中的"动画窗格",在右侧的"动画窗格"中,选中"背景音乐. mid",单击右侧的下拉箭头,在下拉列表中选择"效果选项",弹出"播放音频"对话框,在"停止播放"组中,选中"在:"输入"6",单击"确定"按钮。

9.【解题步骤】

(1) 选中第一张幻灯片,选中"切换"选项卡下"切换到此幻灯片"组中"分割"切换效果,按照此方法将第二至第七张幻灯片依次设置为要求的切换效果,如"时钟""闪光""缩放""碎片""翻转""飞过"。

(2) 选中第一张幻灯片,勾选"计时"组中"换片方式"中的"设置自动换片时间",输入"00:10.00"。

(3) 单击"计时"组左侧的"全部应用"按钮。

(4) 选中第七张幻灯片,在"计时"组中,将"设置自动换片时间"设置为"00:50.00"。

10.【解题步骤】

选中第一张幻灯片,单击"插入"选项卡下"文本"组中的"日期和时间"按钮,弹出"页眉和页脚"对话框,在对话框中勾选"日期和时间"及组里的"自动更新""幻灯片编号""页脚"和"标题幻灯片中不显示"几个复选框,并在"页脚"对应位置输入"世界动物日",单击"全部应用"按钮。

图 6-13　幻灯片页眉页脚设置

11.【解题步骤】

单击快速访问工具栏中的"保存"按钮,关闭所有文档,所有步骤完成后总览的效果如图 6-14 所示。

图 6‑14　幻灯片浏览

四、实验思考题

1. 为什么要设计母版，设计母版的意义在哪？
2. 如何修改已设定好的动画设置，例如播放时间，播放顺序？

"微信扫码"

相关资源 & 拓展阅读

第7章 计算机网络基础应用

本章实验内容为计算机网络基础应用,主要包括常用浏览器的使用、信息检索、IP 地址的查看与设置、局域网的组建、常用网络命令、简单 HTML 页面设计等内容。

实验 7.1 为必做实验,实验 7.2 为理工类专业学生选做,实验 7.3 为文史类专业学生选做。

实验 7.1 浏览器的使用与信息检索

一、实验要求

1. 掌握常用浏览器的使用与常规设置。
2. 掌握通过因特网检索信息的方法。
3. 掌握网页文件的保存与复制。
4. 掌握期刊论文的检索与下载。

二、实验内容

1. 利用浏览器查找新浪网站。
2. 查找计算机硬件报价信息。
3. 设置徐海学院网站首页为主页。
4. 删除 Internet 临时文件。
5. 收藏经常使用的网站地址,如收藏中国矿业大学网站和百度网站。
6. 保存徐海学院网站首页。
7. 检索期刊论文,查找主题为"大数据技术"的相关期刊论文,并下载其中三篇,保存到 E 盘新建的文件夹下。

三、实验步骤/操作指导

1. 单击桌面或者快速启动栏上的 IE 浏览器图标 ,打开 IE 浏览器,然后在 IE 浏览器的地址栏中输入需要查找的网站的 URL 地址,新浪的 URL 地址为 http://www.sina.com.cn,如图 7-1 所示。除此之外,有时候,一些要查找的网站如果不知道具体的域名,可以通过 https://www.hao123.com 进行访问。hao123 是一个上网导航(Directindustry Web Guide),收录包括音乐、视频、小说、娱乐交流、游戏等热门分类的网站,可以为互联网用户提供简单便捷的网上导航服务。

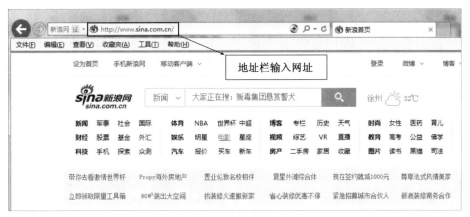

图 7-1 地址栏输入网址

提示:浏览器是指可以显示网页服务器或者文件系统的 HTML 文件内容,并让用户与这些文件交互的一种软件。它用来显示在万维网或局域网等内的文字、图像及其他信息。这些文字或图像,是连接其他网址的超链接,用户可迅速及轻易地浏览各种信息。

除了 IE 浏览器,其他常用浏览器还有 Google Chrome、Firefox 火狐、Safari、Opera、QQ 浏览器、百度浏览器、搜狗浏览器、猎豹浏览器、360 浏览器、UC 浏览器、傲游浏览器、世界之窗浏览器等。浏览器是经常使用到的客户端程序。

2. 要查找计算机硬件报价信息,需要用到搜索引擎,国内常用的搜索引擎是百度。在 IE 浏览器的地址栏里输入 https://www.baidu.com,将会出现百度的首页,在搜索框中输入搜索关键字"计算机硬件报价"再回车,就会搜索到与关键字相关的网页,然后单击网页上的超链接,就可以打开相关资料网页,如图 7-2 所示。

图 7-2 利用百度搜索引擎查找资料

　　3. 如果需要经常访问某一网站,可将该网站首页设为主页,每次打开浏览器,就会最先定位到该网站。打开 IE 浏览器,单击右上角的工具图标 ⚙,或者按 ALT+X 键,都会弹出来工具菜单,还可以直接单击"工具"菜单,再选择其中的"Internet 选项"。在"Internet 选项"对话框中,单击"常规"选项卡,在主页下面的文本框中,输入徐海学院网站的 URL 地址 http://xhxy.cumt.edu.cn,再单击"确定"或者"应用"按钮,即可设置徐海学院网站首页为主页,每次启动 IE 浏览器,最先打开的就是徐海学院的网站,如图7-3 所示。

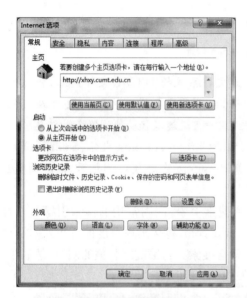

图 7-3　设置主页　　　　　　　　图 7-4　删除浏览历史记录

　　4. 如要删除 Internet 临时文件,可在"Internet 选项—常规"选项下,单击"删除"按钮,弹出"删除浏览历史记录"对话框,根据需要删除历史浏览记录,如临时的 Internet 文件和网站文件等,如图 7-4 所示。

　　5. 经常使用的网站地址,可以添加到收藏夹,方便下次访问时直接从收藏夹进行访问,而不需要重新输入 URL 地址。打开 IE 浏览器,在地址栏输入 http://www.cumt.edu.cn,访问中国矿业大学网站,再单击"收藏夹"菜单,选择其中的"添加到收藏夹",在弹出的"添加收藏"对话框中,再单击"添加"按钮即可,如图 7-5 所示。同样的操作可把百度网站添加到收藏夹。

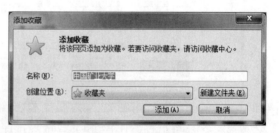

图 7-5　收藏网页

　　提示:有时候 IE 浏览器窗口并不显示菜单栏,可以在 IE 浏览器窗口最上面的标题栏空白处右键单击,在弹出的快捷菜单中把"菜单栏"√出来就会显示菜单栏。

　　6. 打开徐海学院网站首页,然后单击"文件"菜单,选择"另存为"命令,在弹出的"保存网页"对话框中,选择保存位置,再选择"保存类型",如图 7-6 所示。网页的保存类型有保存全部网页,保存网页为单一文件,保存到文本文件。

图 7-6　保存网页

　　7. 期刊论文检索是大学生必须掌握的基本技能,尤其在完成毕业设计和毕业论文时,查找相关文献资料的能力,尤为重要。中国知网(www. cnki. net)是目前中文信息量规模较大的数字图书馆,内容涵盖了自然科学、工程技术、人文与社会科学期刊及博硕士论文、报纸、图书、会议论文等公共知识信息资源。

　　中国知网是一个有偿服务网站,如果需要下载相关期刊论文,需要付费,从 www. cnki. net 网站上注册缴费之后,网站会提供一个用户名和密码,用户凭密码进行访问。国内高校一般都购买了中国知网的镜像网站,教师和学生可以直接从校园网访问中国知网的镜像网站,而不需要输入用户名和密码。如在中国矿业大学徐海学院机房,我们可打开IE 浏览器,先进入中国矿业大学主页,在主页上找到“图书馆”链接(http://lib. cumt. edu. cn/),再单击“数据库”中的“中文数据库”(http://lib. cumt. edu. cn/27/d5/c1361a75733/page. htm),就会打开中国矿业大学购买的各个中文论文检索数据库,选择打开中国知网矿大镜像(http://202. 119. 200. 88/kns55/),就会进入中国知网检索页面,默认检索选项为“主题”,在文本框中输入检索关键字“大数据技术”之后回车或者单击“检索”命令按钮,就会检索到主题为“大数据技术”的论文,如图 7-7 所示。对检索结果,可按主题或者发表时间先后,引用量和下载量等排序。选择其中需要的论文,如第一篇《智能电网大数据技术发展研究》,就会显示该论文的相关信息,最底下的信息栏中提供了三种选项,可以“HTML 阅读”,可以“CAJ 下载”或者“PDF 下载”,如图 7-8 所示。其中,通过“CAJ 下载”下载的论文,需要采用中国知网提供的 CAJViewer 阅读器才能打开;通过“PDF 下载”下载的论文,采用 PDF 阅读器可以打开。同样操作选择另两篇需要的论文下载保存到指定文件夹即可。

图 7-7   CNKI 检索论文

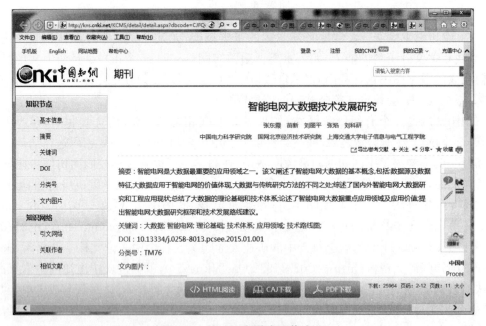

图 7-8   CNKI 查看或下载论文

四、实验思考题

1. 常用的浏览器除了 IE 浏览器,还有哪些?

2. 如何把常用网站添加到收藏夹?

3. 怎样下载网页上的图片和内容?

实验 7.2　局域网组建

一、实验要求

1. 了解 Cisco Packet Tracer 软件的使用方法。
2. 掌握 IP 地址的查看与配置方法。
3. 掌握局域网拓扑结构的绘画方法。
4. 掌握验证网络连通性的方法并熟悉常用的网络命令。

二、实验内容

(一)组建小型局域网

在 Cisco Packet Tracer 软件中,利用一台型号为 2960 的交换机将 2 台 PC 机互联组建一个小型局域网,分别设置 PC 机的 IP 地址,并测试 PC 机之间的连通性。

实验设备:Switch_2960 1 台;PC 机 2 台;直连线。

网络拓扑结构如图 7-9 所示。

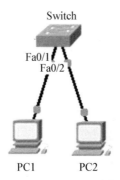

图 7-9　小型局域网网络拓扑图

两台 PC 机的 IP 地址配置要求如表 7-1 所示。

表 7-1　PC 机的 IP 地址配置要求

PC1		PC2	
IP 地址	192.168.1.2	IP 地址	192.168.1.3
子网掩码(Submask)	255.255.255.0	子网掩码(Submask)	255.255.255.0
网关(Gateway)	192.168.1.1	网关(Gateway)	192.168.1.1

(二)常用网络命令的使用:IPconfig 命令和 ping 命令

1. IPconfig 命令

(1)查看本地电脑 IP 地址、子网掩码、缺省网关的值;

(2)使用选项/all,查看本地电脑的 mac 地址、本地 DNS 服务器地址、计算机名。

2. ping 命令

(1) ping 127.0.0.1,检查本地电脑 TCP/IP 模块工作是否正常,网卡是否工作正常;

(2) ping 本地电脑 IP 地址,检查本地电脑 TCP/IP 模块工作是否正常,网卡是否工作正常;

(3) ping 网关地址,检查本地电脑和网关是否连通。

(4) ping 中国矿业大学的域名(www. cumt. edu. cn),检查本地电脑和矿业大学服务器是否连通。

三、实验步骤/操作指导

(一) 组建小型局域网

1. 安装 Cisco Packet Tracer

Packet Tracer 是 Cisco(思科)公司针对 CCNA 认证开发的一个用来设计、配置网络和对网络故障进行排除的模拟软件,功能强大,操作简单,非常适合网络设备初学者使用。

Cisco Packet Tracer 安装软件可从官方网站免费下载最新版本。下面以 Cisco Packet Tracer 5.3 为例,说明 Cisco Packet Tracer 软件的安装步骤。

步骤一:解压缩软件安装包后,双击"PacketTracer53_setup. exe"这一文件,进入安装界面,如图 7-10 所示。

图 7-10 Cisco Packet Tracer 5.3 安装欢迎界面

步骤二:单击 Next,进入许可同意选择界面,如图 7-11 所示,选择同意许可。

步骤三:单击 Next,进入安装路径选择界面,如图 7-12 所示,不需要修改安装目录,直接单击 Next 许可。

步骤四:依次单击 Next,设置开始目录文件夹和是否创建桌面图标及快速启动图标,进入安装界面,如图 7-13 所示。

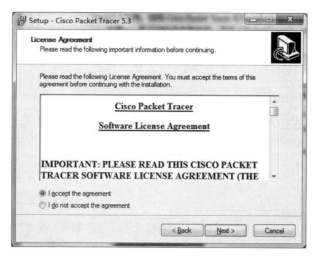

图 7 - 11 Cisco Packet Tracer 5.3 软件许可界面

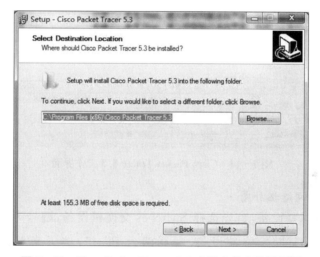

图 7 - 12 Cisco Packet Tracer 5.3 安装文件夹设置界面

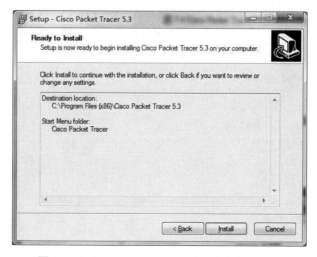

图 7 - 13 Cisco Packet Tracer 5.3 准备安装界面

步骤五:单击 Install 开始安装,完成之后单击 Finish,结束安装并启动软件。

可以安装汉化包对 Cisco Packet Tracer 5.3 进行汉化。

Cisco Packet Tracer 5.3 启动之后,进入工作界面如图 7-14 所示。

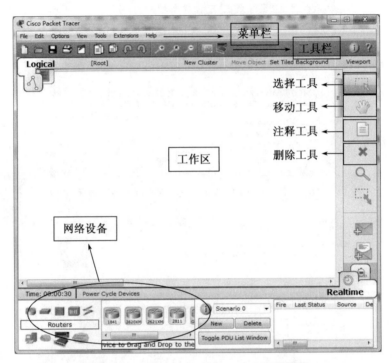

图 7-14　Cisco Packet Tracer 5.3 工作界面

2. 设计局域网网络拓扑图

从设备选择区选择设备,首先选择 Switches 交换机设备,型号为 2960,拖动到工作区;然后选择 End Devices 终端设备,选择两台 PC 机;接下来单击 ⚡ 图标,选择 Connections,单击直连线(Copper Straight-Through),然后单击交换机设备,在弹出的端口选择菜单中选择 FastEthernet0/1 端口,再单击第一台 PC0,选择 FastEthernet 端口;再次选择直连线,把第二台 PC1 的 FastEthernet 端口连接到第二个交换机端口 FastEthernet0/2,网络的拓扑结构就已经连接好,如图 7-15 所示。

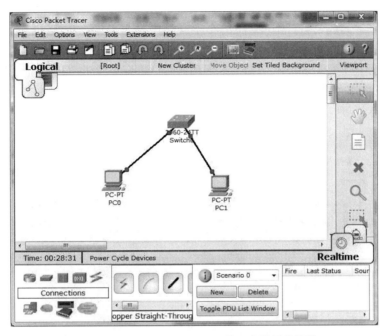

图 7 - 15　Cisco Packet Tracer 5.3 中的网络拓扑

3. 配置 IP 地址

网络拓扑设计完成之后,单击 PC0,配置 IP 地址,选择 Config 选项卡,单击 Interface,再单击 FastEthernet 端口,配置静态 IP 地址,IP 地址为 192.168.1.2,Subnet Mask(子网掩码)为 255.255.255.0,如图 7 - 16 所示。同理设置 PC1 的 IP 地址为 192.168.1.3,Subnet Mask(子网掩码)为 255.255.255.0。

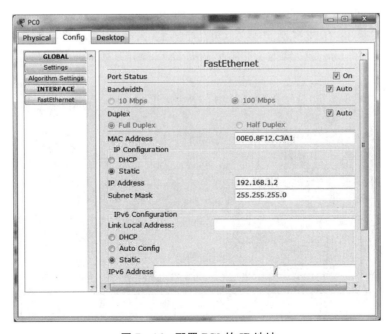

图 7 - 16　配置 PC0 的 IP 地址

4. 测试网络是否连通

IP 地址设置完成之后,测试组建的小型局域网是否连通。单击 PC0,选择 Desktop 选项卡,再选择 Command Prompt,打开命令输入窗口,用 ping 命令来测试网络连通性,输入 ping 192.168.1.3,如能收到对方的回复报文,即 ping 成功,网络连通,如图 7 - 17 所示;同理单击 PC1,在 PC1 的 Command Prompt 窗口中输入 ping 192.168.1.2,如能收到对方的回复报文,即 ping 成功,网络是连通的。

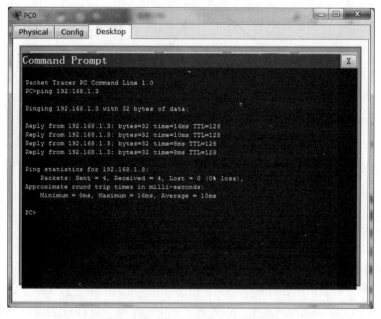

图 7 - 17   用 ping 命令测试连通性

(二) 常用网络命令的使用:IPconfig 命令和 ping 命令

单击开始菜单,在搜索框中输入 cmd 后回车,会看到 cmd.exe 的运行窗口,如图 7 - 18 所示。cmd.exe 是微软为了兼容早期的 DOS 操作系统而提供的命令行运行程序。

图 7 - 18   cmd.exe 运行窗口

1. IPconfig 命令

在 cmd. exe 命令行运行程序窗口中输入 ipconfig 命令,可以查看本地电脑 IP 地址、子网掩码、缺省网关的值;输入 ipconfig/all 命令,可以查看本地电脑的 mac 地址、本地 DNS 服务器地址、计算机名等更多关于本机电脑网络配置的相关信息,如图 7‑19 所示。

图 7‑19　ipconfig/all 命令的运行

2. ping 命令

ping 是 Windows、Unix 和 Linux 系统下的一个命令。ping 也属于一个通信协议,是 TCP/IP 协议的一部分。利用“ping”命令可以检查网络是否连通,主要用于分析和判定网络故障。应用格式:ping 空格 IP 地址。该命令还可以加许多参数使用,具体是键入 ping 按回车即可看到详细说明。

(1) ping 127.0.0.1 或本地电脑 IP 地址,可检查本地电脑 TCP/IP 模块工作是否正常,网卡是否工作正常。

(2) 如果本地电脑网卡工作正常,可以 ping 网关地址,用于检查本地电脑和网关是否连通。如网关地址为 192.168.1.1,则可输入 ping 192.168.1.1,如果能 ping 通,说明当前本地电脑和网关是连通的,否则有可能网关设备运行不正常。

(3) ping 某一个具体的域名或者 IP 地址,如 ping 中国矿业大学的域名(www. cumt. edu. cn),则可以输入 ping www. cumt. edu. cn,用于检查本地电脑和中国矿业大学服务器是否连通。

四、实验思考题

1. 怎样查看本机 IP 地址?
2. 如果所使用的计算机不能上网,怎样排除故障?

实验 7.3　HTML 与网页设计

一、实验要求

1. 掌握 HTML 语言基本标记的使用。
2. 了解网上信息发布的方法。

二、实验内容

案例:简单网页编写

在"记事本"中,利用 HTML 编写一个咖啡店展示网站的首页,如图 7-20 所示。

图 7-20　某咖啡馆网站首页

三、实验步骤/操作指导

1. 在 E 盘新建一个名为 MyWeb 的文件夹,在空白处右键单击,建立一个记事本文件,文件名修改为"index. htm"(文件名后缀要改为 htm,网页文件),再建立一个名为 images 的文件夹,把需要的图片拷贝到该文件夹下。另外再建立一个记事本文件,修改文件名为"javajam. css"(文件名后缀要改为 css,样式文件)。

2. 在"index. htm"文件中输入以下代码,单击保存后退出。

```
<html xmlns="http://www. w3. org/1999/xhtml" lang ="zh-cn" xml:lang ="zh-cn">
<head>
    <title>JavaJam Coffee House</title>
    <meta http-equiv ="content-type" content ="text/html; charset=gb2312" />
    <link rel ="Stylesheet" href ="javajam. css" type ="text/css" />
</head>
```

```
<body>
<div id ="container">
    <img id="logo" src ="images/1. jpg" alt ="公司 logo"/>
    <div id="nav">
        <a href="index. htm">主页</a>
        <a href="menu. htm">菜单</a>
        <a href="music. htm">音乐</a>
        <a href="jobs. htm">招聘</a>
    </div>
    <div id="content">
        <img class ="floatright " src ="images/3. jpg" alt ="测试图片" height="200" width ="
300" />
    <p>沿着金山东路来到 JavaJam……</p>
        <ul>
            <li>招牌咖啡和茶</li>
            <li>百吉饼,小松饼和小吃</li>
            <li>音乐和诗朗诵</li>
            <li>Open Mic 之夜</li>
        </ul>
        <br />
        221008 中国矿业大学<br />徐海学院北门<br />0516 - 88888888 <br />
    </div>
    <hr />
    <div id="footer">
        版权所有 &copy;2018 JavaJam Coffee House<br />
        <ahref="mailto:88976192@qq. com">88976192@qq. com</a>
    </div>
    </div>
</body>
</html>
```

3. 在 javajam. css 文件中输入以下代码,保存后退出。

```
body
{
    background-image:url(images/bg1. jpg);
    background-repeat:no-repeat;
    background-color:#FFFFCC;
    color:#330000;
    font-family:微软雅黑,Arial,Sans-Serif;
    margin-left:auto;
    margin-right:auto;
    width:80%;
}
h1
```

```
{
    background-color：#CCAA66；
    color：#000000；
    padding-left：10px；
    text-align：center；
}
#container
{
    background-color：#e8d882；
    color：#000000；
    border：double 2px #000000；
}
#logo
{
    background-color：#ccaa66；
    color：#000000；
    text-align：center；
    margin：0；
    border-bottom：double 2px #000000；
}

#nav
{
    text-align：center；
    float：left；
    width：100px；
    padding-top：10px；
}
#nav a
{
    text-decoration：none；
    margin：15px；
    text-align：center；
    display：block；
}

#footer
{

    background-color：#ccaa66；
    color：#000000；
    font-size：.60em；
    font-style：italic；
```

```
        text-align：center；
}
# content
{
        margin-left：150px；
        background-color：# f1e8b0；
        color：# 000000；
        padding：10px 20px 10px 20px；
        overflow：auto；
}
. floatright
{
        padding-left：20px；
        float：right；
        border：none；
}
h2
{
        text-transform：uppercase；
        background-color：# ffffcc；
        color：# 663300；
        font-size：1. 2em；
        border-bottom：1px solid # 000000；
        margin-right：20px；
}
```

4. 启用 IE 浏览器测试网页实际效果。

四、实验思考题

1. 如何在网页中插入图片？
2. 如何在网页中设置超链接？
3. 怎样用表格布局网页？

"微信扫码"

相关资源 & 拓展阅读

第 8 章　常用工具软件的使用

本章实验内容为常用工具软件的使用方法简介,主要包括 Microsoft Visio 软件、压缩软件、下载软件、安全软件和阅读软件的使用方法和简单操作。

实验 8.1　Microsoft Visio 软件的使用

一、实验要求

1. 熟悉 Microsoft Visio 软件的工作界面。
2. 掌握使用 Microsoft Visio 软件的方法。

二、实验内容

1. 认识 Visio 软件的基本工作界面。
2. 形状格式。
3. 绘图基础。
4. 文本操作。
5. 有两个数 a,b,要求输出它们中的较大者,使用 Visio 软件画出流程图。

三、实验步骤/操作指导

1. Visio 软件是一款专业的办公绘图软件,是 Office 系列办公软件的组件之一,具有简单性与便捷性等关键特性,是绘制流程图使用率最高的软件之一。它能够帮助用户将自己的思想、设计与最终产品演变成形象化的图像进行传播,同时还可以帮助用户制作出富含信息和吸引力的绘图及模型,让文档变得更加简洁、易于阅读与理解。Visio 软件的基本工作界面如图 8-1 所示。

在"新建"选项卡下可以选择模板。Visio 软件提供了丰富的模板,比较常用的有基本流程图、组织结构图、详细网络图、软件和数据库等。若要绘制某领域的图形,只需要选择对应的模板,然后进行相应操作即可。

2. 在 Visio 中,形状是 Visio 图表的实质内容和精髓。可以使用形状来表示对象、操作和观点,还可以排列和连接形状,以显现出直观的关系。

Visio 形状有两种:一维和二维形状。

(1) 一维形状是在选定后具有起点和终点的形状。一维形状看起来像线条,在使用时,如果移动起点或终点,只有一个维度发生改变,即长度,但一维形状最强大的功能在于它们能够连接两个其他形状,如图 8-2 所示。

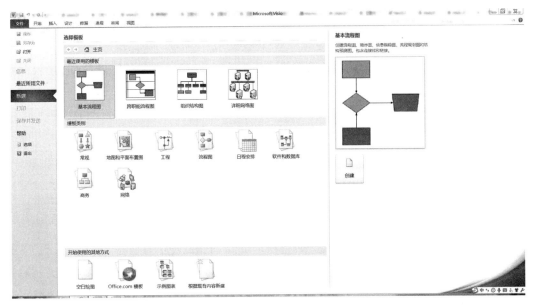

图 8‐1　Visio 软件的基本工作界面

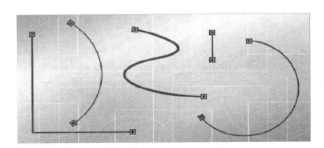

图 8‐2　一维形状图

　　(2) 二维形状通常用于表示某种事物,可以是一般概念,如流程图中的步骤,也可以是具体对象,如工厂或一件设备。二维形状是在选定后不具有起点和终点的形状,但二维形状具有八个选择手柄。当单击并拖动角部选择手柄时,可以改变长度和宽度两个维度,但不能使用二维形状来连接其他形状,只有一维形状才能连接其他形状,如图 8‐3 所示。

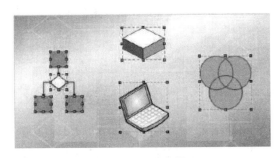

图 8‐3　二维形状图

3. 绘图基础中包括形状操作、手柄、形状连接与组合等。

(1) 增加形状:通过将"形状"窗口中模具上的形状拖到绘图页上,可以将形状添加到图表中,如图 8-4 所示。

(2) 删除形状:删除形状只需单击形状,然后按 Delete 键(不能将形状拖回"形状"窗口中的模具上进行删除。)

(3) 移动删除:只需单击形状,然后将它拖到新的位置。要一次移动多个形状,首先选择所有想要移动的形状。

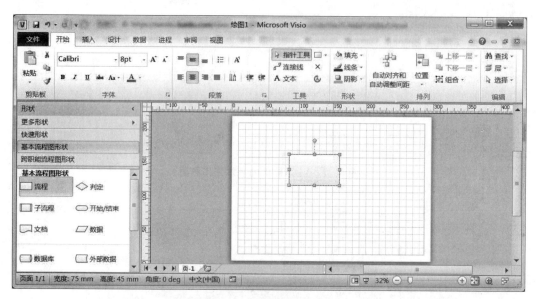

图 8-4 形状的基本操作

当单击形状时将显示选择手柄,可以通过拖动形状的角、边或底部选择手柄来调整形状的大小,如图 8-5 所示的小矩形;Visio 形状还具有其他类型的手柄,例如旋转手柄,如图 8-5 所示的小圆形。

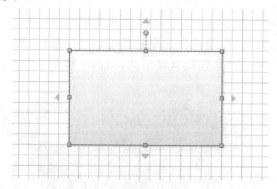

图 8-5 单击形状时显示手柄

各种图表(如流程图、组织结构图、框图和网络图)都有一个共同点:连接。使用线条或者连接线进行连接时,可以设置线条或者连接线的"格式",如线条粗细、线端类型(有无箭头、箭头形状)、线端大小(箭头大小)等。

　　某些模板对连接线使用适用于该绘图类型的默认线端样式，因此已设置好了连接线的格式。例如，"基本流程图"模板使用带有箭头的直接连接线。

　　要改变形状的线型，应右键单击该形状，选择"格式"更改颜色、粗细、图案或端点，如图 8-6 所示。

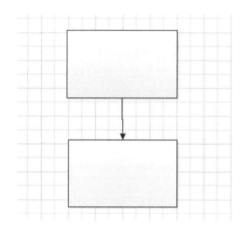
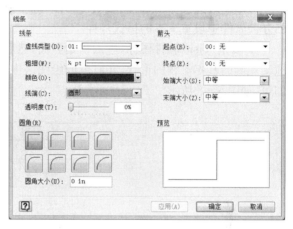

图 8-6　基本流程图中带箭头的连接线及形状线型的更改对话框

　　组合的形状包括两个或更多分别作为一个单位的单独形状。通过组合，可以简化多个形状为一个形状，便于图形移动等操作。操作方法为：按住 Ctrl 键不放，鼠标依次选中需要组合的图形，右键单击选择"组合"→"组合"实现。如果需要把所有图形组合，使用"Ctrl＋A"组合键全选图形，如图 8-7 所示。

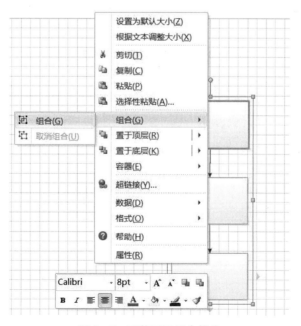

图 8-7　形状图形组合操作

　　4. 添加文本的操作主要包括向图形中添加文本和添加独立文本两种。向图形中添加文本只需要单击某个形状然后键入文本,Visio 会放大以便可以看到所键入的文本;添加独立文本是可以向绘图页添加与任何形状无关的文本,例如标题或列表。操作方法为:单击"开始"选项卡,选择"工具"选项组中的"文本"工具进行录入内容,实际上,独立文本就像一个没有边框或颜色的形状。

可以设置文本的格式,使之成为斜体、加下划线、居中显示等。就像在任何 Office 系列办公软件中设置文本的格式一样。

5. 双击 Visio 软件图标,进入初始界面,然后选择基本流程图模板,单击"创建"按钮,拖动左侧的基本流程图形状,在右侧的绘图区中按次序排列好,然后进行连接和形状组合即可,如图 8-8 所示。

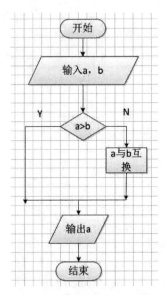

图 8-8　找出两数中最大者的流程图

实验 8.2　压缩软件的使用

一、实验要求

1. 熟悉常用的压缩软件。
2. 掌握压缩与解压的操作方法。

二、实验内容

1. 常用压缩软件简介。
2. 以 WinRAR 软件为例，演示压缩与解压操作。

三、实验步骤/操作指导

1. 压缩软件是日常生活、工作和学习中必不可少的工具。在办公自动化过程中，使用文件压缩工具，可以在不损坏文件信息的前提下减少文件占用的磁盘空间，同时还可以方便快捷地恢复文件的所有信息，既能节约磁盘空间，又能提高文件转移或传输的速度。目前国内常用的压缩软件很多，选取以下 3 种介绍。

（1）360 压缩

360 压缩相比传统软件，压缩速度提升了 2 倍以上，支持更多、更全面的压缩格式，其解压主流的 rar、zip、7z、iso 等压缩文件格式多达 37 种。360 压缩软件的工作界面如图 8-9 所示。

图 8-9　360 压缩软件的工作界面

（2）7-Zip

7-Zip 软件完全开源免费，它的 7z 压缩格式是目前数据压缩率最高的格式。7-Zip 软件的工作界面如图 8-10 所示。

图 8-10　7-Zip 软件的工作界面

（3）WinRAR

WinRAR 是一款功能强大的压缩包管理器，它是档案工具 RAR 在 Windows 环境下的图形界面。WinRAR 可以根据需要将压缩后的文件保存为 ZIP 或 RAR 的格式，而压缩时间根据压缩程度的不同，可以自行调整。使用广泛、界面友好、使用方便，在压缩率和速度方面都有很好的表现。WinRAR 软件的基本工作界面如图 8-11 所示。

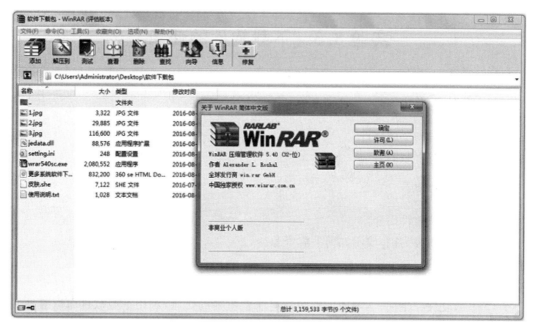

图 8‐11　WinRAR 软件的基本工作界面

2.（1）使用 WinRAR 软件压缩文件

WinRAR 提供了很多压缩文件的方法,最基本的方法操作步骤如下:

① 首先到相应文件夹中,选取要压缩的文件或文件夹。

② 然后单击右键,从快捷菜单中单击"添加到 XXX.rar"菜单命令(其中的 XXX 为原文件名),所选文件(或文件夹)将按照默认设置进行压缩。

③ 最后生成压缩包文件,仍存放在当前文件夹中。

（2）对文件进行解压缩

WinRAR 软件提供了多种进行解压缩文件的方法,最基本的方法操作步骤如下:

① 首先到相应文件夹中,选取要进行解压缩的文件。

② 然后单击鼠标右键,从弹出的快捷菜单中,单击"解压到 XXX"命令(其中的 XXX 为压缩后的文件名),之后所选压缩文件将按默认设置进行解压缩操作。

③ 最后生成解压的文件,存放在一个与压缩文件同名的文件夹中。

实验 8.3　下载软件的使用

一、实验要求

1. 熟悉常用的下载软件。
2. 掌握文件下载的方法。

二、实验内容

1. 常用下载软件简介。
2. 以迅雷软件为例,演示如何下载资源。

三、实验步骤/操作指导

1. 下载软件在生活、学习或工作中具有非常重要的作用,利用下载软件可以获取到网络上提供的各种资源,而且可以对已下载的文件进行排序、分类等操作。另外,这类软件通常还可以帮助用户提高下载速度并在下载中断后从中断的位置恢复下载。利用计算机网络,通过 HTTP、FTP、ed2k、torrent 等协议,用户可以下载数据(电影、软件、图片等)到电脑上的软件。目前国内常用的下载软件工具主要有以下 4 种。

（1）迅雷

迅雷使用的多资源超线程技术基于网格原理,能够将网络上存在的服务器和计算机资源进行有效整合,构成独特的迅雷网络。通过迅雷网络,各种数据文件能以最快的速度传递,在不降低用户体验的前提下,它能够对服务器资源进行均衡。迅雷 7 软件的基本工作界面如图 8 - 12 所示。

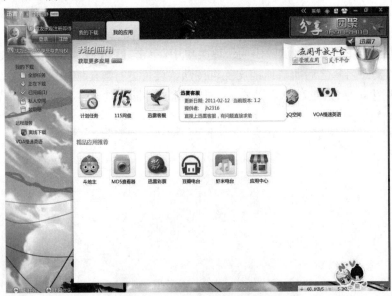

图 8 - 12　迅雷 7 的工作界面

（2）网际快车 FlashGet

FlashGet 是国内一款为世界 200 多个国家用户提供服务的中国软件，支持多种协议以及断点续传和支持镜像等功能，可最大限度地提高下载速度。FlashGet 的工作界面如图 8 - 13 所示。

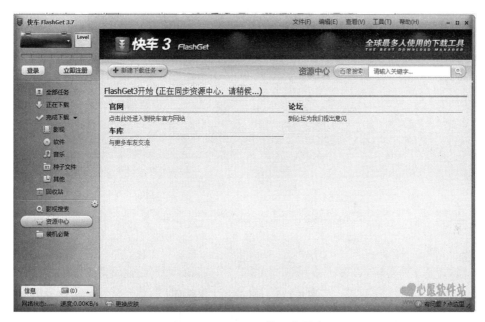

图 8 - 13　FlashGet 的工作界面

（3）BT 下载

BT(BitTorrent)是一个多点下载的源码公开的 P2P 软件，最适合新发布的热门下载。简单地说其特点就是下载的人越多，速度越快。BT 的工作界面如图 8 - 14 所示。

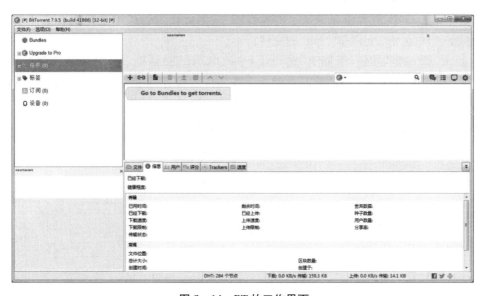

图 8 - 14　BT 的工作界面

（4）eMule

eMule 基于 eDonkey 的网络协议，是一个开放的 P2P 档案分享软件。它的名称来源于一个动物——骡，所以中文也称作电骡或骡子等。eMule 的工作界面如图 8-15 所示。

图 8-15　eMule 的工作界面

2. 下面以图片的批量下载为例介绍迅雷软件的使用方式，具体的操作步骤如下：

（1）在网上找到需要下载图片的页面，在页面的空白处单击鼠标右键，并选择"使用迅雷下载全部链接"命令。

（2）弹出"选择要下载的 URL"对话框，此处保持默认选择状态。

（3）单击"筛选"按钮，弹出"扩展选择"对话框，在这里可以对文件来源站点和文件扩展名进行筛选，本例需要保存网页上的所有图片，因此在"站点"中选择所有文件来源站点，"扩展名"中选中".gif"和".jpg"的文件。

（4）单击"确定"按钮，返回到"选择要下载的 URL"对话框，单击"确定"，将弹出"建立新的下载任务"对话框，在此处需要选择下载文件的保存地址并设定文件名称，设置完成后单击"确定"按钮，会出现"其他任务是否使用相同的设置"提示框，选择"不要再次询问"的复选框，然后单击"是"，即可开始下载网页上的所有图片。

实验 8.4　安全软件的使用

一、实验要求

1. 熟悉常用的安全软件。
2. 掌握杀毒软件的操作方法。

二、实验内容

常用安全软件的简单介绍。

三、实验步骤/操作指导

1. 安全软件是一种可以对计算机病毒、木马等一切已知的,对计算机有危害的程序代码进行清除的程序工具。安全软件通常集成监控识别、病毒扫描、清除和自动升级等功能,有的安全软件还带有数据恢复、防范黑客入侵、网络流量控制等功能。下面分国内与国外常用安全软件进行介绍。

（1）国内常用安全软件

① 百度杀毒

百度杀毒软件是百度公司推出的反病毒软件,依托百度强大的云计算和数据处理能力为用户提供专业体验。百度杀毒软件支持 Windows 操作系统,并且免费,可以同时与百度卫士配合使用,做到 1＋1＞2 的效果。百度杀毒软件的工作界面如图 8-16 所示。

图 8-16　百度杀毒工作界面

② 腾讯电脑管家

腾讯电脑管家是腾讯公司推出的安全软件,集杀毒、修复漏洞、清理垃圾、加速系统等功能于一身。电脑管家持久免费,功能强大,在国内外的各种权威测评中多次获奖。腾讯电脑管家工作界面如图8-17所示。

图 8-17   腾讯电脑管家工作界面

③ 360安全卫士

360安全卫士与杀毒软件是国内安全厂商奇虎360旗下产品,永久免费。其结合了本公司的云查杀引擎和国外的杀毒软件引擎,具有查杀率高、误杀率低、资源占用少、升级迅速等优点。360安全卫士工作界面如图8-18所示。

图 8-18   360安全卫士工作界面

（2）国外常用的安全软件

① 卡巴斯基

卡巴斯基安全软件是俄罗斯的老牌杀毒软件，也是享誉全球的信息安全厂商，该软件按需求分为个人用户和企业网络，分别提供反病毒以及防黑客的服务。卡巴斯基软件的工作界面如图 8-19 所示。

图 8-19　卡巴斯基安全软件工作界面

② 迈克菲（Mcafee）

迈克菲是网络安全和可用性解决方案的领先供应商。所有 McAfee 产品均以著名的防病毒研究机构（如 McAfee AVERT）为后盾，该机构可以保护 McAfee 消费者免受最新以及复杂病毒的攻击。McAfee 杀毒软件作为全球最畅销的杀毒软件之一，除了操作界面更新外，也将该公司的 WebScanX 功能合在一起，增加了许多新功能。除了帮使用者侦测和清除病毒外，还有 VShield 自动监视系统的功能，常驻在 System Tray，当从磁盘、网络上、E-mail 文件中开启文件时便会自动侦测文件的安全性。Mcafee 的工作界面如图 8-20 所示。

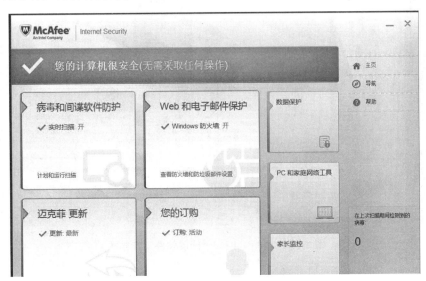

图 8-20　Mcafee 工作界面

实验 8.5　阅读软件的使用

一、实验要求

1. 熟悉常用的阅读软件。
2. 掌握使用阅读软件的操作方法。

二、实验内容

常用阅读软件的简单介绍。

三、实验步骤/操作指导

1. 办公最常见的文档格式除了 Word、Excel 和 PPT 外,还有 PDF 格式文档。想要查看 PDF 文档,PDF 阅读器是必备软件之一。目前 PDF 阅读软件种类繁多,下面选择两款 PDF 阅读软件做简单介绍。

（1）Adobe Acrobat Reader

Adobe Acrobat Reader 是 Adobe 公司专门开发的 PDF 文件管理的编辑软件,使商业人士能够可靠地创建、合并和控制 Adobe PDF 文档,以便轻松且更加安全地进行分发、协作和数据收集。Adobe Reader 阅读软件工作界面如图 8-21 所示。

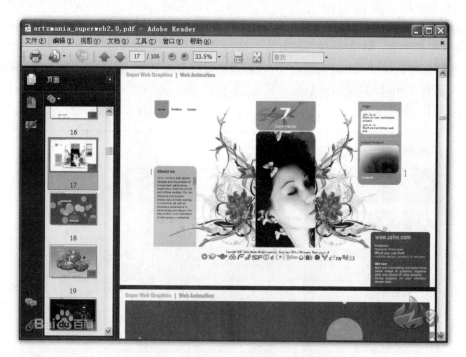

图 8-21　Adobe Reader 阅读软件工作界面

（2）福昕阅读器

福昕阅读器是福昕公司推出的 Foxit Reader 首款简体中文版本，它是一款免费的 PDF 文档阅读器和打印器，具有令人难以置信的小巧体积。

福昕软件开发有限公司（Foxit Corporation）是全球领先的 PDF 软件方案与服务提供商，也是国内为数不多的具有全球影响力和竞争力的中国的软件品牌，是基础软件开发商之一。凭借完全自主知识产权和领先全球的整套 PDF 软件核心技术，福昕为全球用户提供从 PDF 生成、编辑、加工、保护、搜索、显示、打印、安全分发、归档等涵盖 PDF 文档生命周期的技术和解决方案。福昕阅读软件工作界面如图 8 - 22 所示。

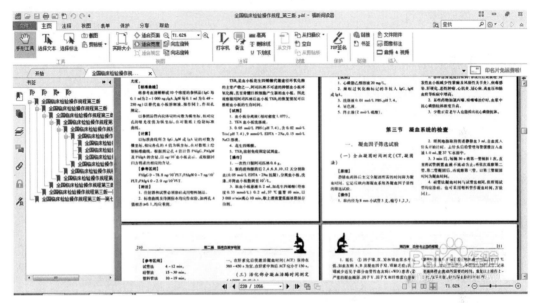

图 8 - 22 福昕阅读软件工作界面

"微信扫码"
相关资源 & 拓展阅读

第9章 平面设计与图像编辑

实验 9.1 Photoshop 基本操作

一、实验要求

1. 认识 Photoshop 的基本功能,掌握对文件、选区、图像和图层的基本操作。
2. 掌握 Photoshop 界面中提供的基本功能,学会选区、图像和图层操作的基本方法。

二、实验内容及步骤

1. 认识 Photoshop 基本界面

对照教材,熟悉"文件选单""编辑选单""图像选单""滤镜选单""图层选单""视图选单""帮助选单"和"工具箱"的有关功能。其界面如图 9-1 所示。

图 9-1 Photoshop 基本界面

2. 文件的基本操作

（1）新建文件

单击"文件"→"新建"，弹出如图 9-2 所示的对话框。在这里可以设定文件名和图像的高和宽，还可以自定分辨率和选择颜色模式。在"内容"下面可以设置背景颜色。如图 9-2 所示，当前选择的是透明色。单击"确定"，进入如图 9-3 所示的文件界面。

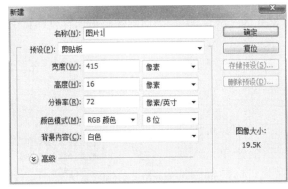

图 9-2　背景颜色设置

图 9-3　文件界面

（2）打开图像

要打开已存在的图像，可以单击"文件"→"打开"，在弹出对话框中选择要打开的文件，如图 9-4 所示。选择文件，就可在 photoshop 中打开，如图 9-5 所示。

图 9-4　选择文件

图 9-5　图像设置

（3）保存图像文件

当一幅图像创建完成之后，就要把它进行保存。

① 单击"文件"→"存储"，如果文件已经存在，则系统直接把该文件覆盖。

② 如果图像文件没有保存或要另存，则选择"文件"→"另存为"，这个时候可以把文件按照制定的路径和制定的格式存储。

③ 有时,为了避免原来的图片被覆盖,可以选择保存副本,这样修改过的文件就以原文件的副本形式保存。

(4) 将图像文件保存为 Web 页面

在 Photoshop－cs2 中,新增了一项就是把图片保存为页面形式的功能。首先,单击"文件"→"存储为 web 所用格式",弹出图 9－4。在对话框中,有很多设置,可以将原图像和优化后的图像进行对比。还可以对图像的大小、颜色、格式、文档质量的高低等进行设置。然后,单击"保存"按钮,在弹出对话框中选择格式为".htm"即可,当前图像就被保存到网页中。

3. 选区操作

在 Photoshop 中,对图像进行编辑之前,要先选择工作区域。对图像的编辑只在工作区域内有效。常用的选区工具有矩形工具、索套工具、魔棒工具、路径选择工具。

(1) 矩形工具

在矩形工具 下有椭圆工具等一系列的工具可供选择。右击矩形框工具,弹出如图 9－6 所示的选单。选择"矩形选框工具"可以在图形上选择矩形区域;选择"椭圆选框工具"可以在图形上选择椭圆区域;选择"单行选框工具"可以在图形上选择单行像素对象;选择"单列选择工具"可以在图形上选择单列像素对象。

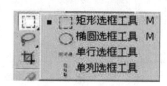

图 9－6　工具选单

以矩形选框工具为例,选择图形区域,进行颜色填充。在图 9－6 上选择矩形选框工具,将图像上需要选择的区域选中,如图 9－7 所示。

要对选中区域进行颜色填充,先在左边工具箱中选择当前颜色框,如图 9－8 所示,并将颜色改成红色如图 9－9 所示,这样当前颜色就被改成了红色。然后,在"编辑"选单里选择"填充",在弹出对话框中选择使用"前景色"对选区部分进行填充如图 9－11 所示。效果如图 9－8 所示。

图 9－7　步骤 1

图 9－8　步骤 2

图 9-9　步骤 3　　　　　　　　图 9-10　步骤 4

图 9-11　步骤 5

图 9-12　步骤 6

选择"椭圆选框工具""单行选框工具""单列选择工具"的操作跟矩形框一样。

（2）索套工具

右键单击索套工具 ，弹出如图 9-12 所示选单，在索套工具图表下有"索套工具""多边形索套工具""磁性索套工具"。选择索套工具可以在图形上选择任意形状选区，在勾勒图形轮廓时有很好的作用。打开一个图形，然后用索套工具勾勒出需要选择的区域，如图 9-13 所示。选择"多边形索套工具"，建立多边行选区，如图 9-14 所示。用"磁性索套工具"，能捕捉复杂图形的边框，创建的控制点可以贴附在图像对比最强烈的地方，如图 9-14 所示。

图 9-13　效果 1

图 9-14　效果 2

（3）魔棒工具

魔棒工具的工作原理是选择选择相同或相近的颜色,可以很方便地选择大片颜色相近的区域,效果如图9-15和图9-16所示。

图9-15　效果3

图9-16　效果4

4. 图像操作

可以在文件里直接进行创作,也可以直接打开一幅图片文件进行编辑。打开一幅图片,如图9-17所示,选择"裁剪工具",将图中的指定区域选择出来,如图9-18所示。

此时图片指定区域以外的部分将变暗,将指定区域突出出来。单击工具箱上任何一个按钮,在弹出的对话框中选择"裁切",如图9-19所示。则当前文件大小将变得刚好容纳指定选区部分,并且选区以外的部分被裁剪掉,其效果如图9-20所示。

图9-17　一幅图片

图9-18　区域选择

图9-19　选择对话框

图9-20　效果图

在"滤镜"选单中,选择一种特效对图像进行处理。例如,选择"滤镜"→"扭曲"→"旋转扭曲",在弹出的修改框中,可以修改扭曲的程度,并且还可以看到扭曲后效果的预览,如图9-21所示,单击"确定",最后的扭曲效果如图9-22所示。

图9-21 扭曲后效果预览

图9-22 扭曲后效果

可以根据需要对图像进行缩放,旋转,艺术处理等操作,这些在选单栏里都可以找到对应的选项,在此就不一一介绍了。

5. 图层操作

Photoshop中,当用户粘贴图像或创建文字时,系统都会自动创建一个新的图层容纳这些对象,也可以根据需要自己创建新图层。

(1) 创建新的图层

单击"图层、通道、路径"信息面板,如图9-23所示。单击右边的黑色小三角,在弹出的选单中选择"新图层"。之后在面板上会出现一个新的图层标号,标记为"图层1",也可以自己给图层取一个有意义的名字。

图9-23 信息面板

图9-24 加上文字效果

在"图层1"里面使用文字输入符号 T,在图片上合适的地方加上文字,如图9-24所示。

(2) 图层的编辑

① 图层顺序。当图层的顺序不同时,在窗口里显示的对象也不同。当文字图层在扭曲图层上时,可以看到图片上有文字出现。但当把文字图层移动到扭曲图层下时,文字就

被扭曲图片挡住了,如图 9 - 25 和图 9 - 26 所示。选择面板上的"不透明度"值,值越小,则图像越透明。

② 图层的显示和隐藏。在面板上,每一个图层的左边都有一个小图标👁,即选择是否隐藏图层,单击该图标,当图标👁变得不可见时,对应的图层就被隐藏。里面的内容变成不可见状态,如图 9 - 27 所示。如果要取消隐藏,只需在原图标位置再单击一次即可。

图 9 - 25　效果 1

图 9 - 26　效果 2

图 9 - 27　图层被隐藏

③ 图层的重命名、复制、删除、锁定。重命名图层,新建图层时,系统使用的是默认名称,新建完图层之后,可以给它改名。具体做法是双击面板上的图层名称,当前图层名字变成可选状态,此时可以直接改名;复制图层,要对一个图层的内容进行复制,可以在该图

层上直接单击右键,在弹出选单中选择"复
制图层",系统提供的默认名为"风景副
本"。复制后的图层和以前的图层是重叠
在一起的,只有移动图层位置才可以看到
复制的效果,如图 9 - 28 所示。

图 9 - 28　复制图层

　　删除图层,当某一个图层的内容不需要
之后,可以选择面板右下角的垃圾桶图标删
除它。

　　锁定图层,一个图层里的内容已经编辑完毕,为了防止在编辑其他对象时改动,可以
选择把该图层锁定。具体方法为选择面板左上角的锁定图标 🔒 。要解除锁定,只需要
在原位置再单击一次即可。

　　(3)设置图层效果

　　Photoshop 提供了很多的特殊效果可以用到图层上面。具体做法是选择一个要修改
的图层,然后选择"图层"→"图层样式",在弹出的选单中可以选择图层的特殊效果,例如
在汽车图层上选择"斜面和浮雕",然后在弹出的对话框中对显示效果进行设置,如图
9 - 29 所示。其他的特效,也可以用相似的操作完成。

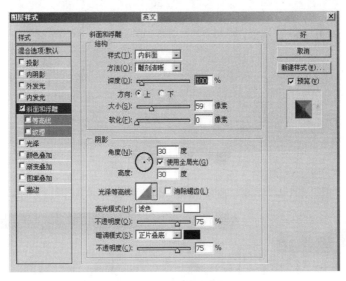

图 9 - 29　设置效果选单

实验 9.2　综合效果设计

一、实验要求

初步掌握使用 Photoshop 解决实际问题的基本技能。

二、实验内容及步骤

要求制作一个图片倒影。

1. 选择菜单"文件"→"打开"命令,选择一幅风景画,如图 9-30 所示。
2. 双击该图层解锁,在弹出对话框中单击"确定"按钮,如图 9-31 所示。

图 9-30　图像文件

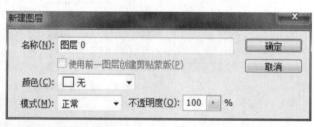

图 9-31　设置图

3. 选择"图像"→"画布大小",如图 9-32 所示,单击"定位"中的向上箭头,设置高度为 22 厘米(原图是 16.93 厘米),如图 9-33 所示。图片显示效果如图 9-34 所示。

图 9‑32 画布大小对话框

图 9‑33 设置效果

图 9‑34 图片效果

4. 复制该图层,如图 9‑35 所示。

图 9‑35 复制图层

5. 选择新复制图层,使用快捷键"Ctrl＋T",选择该图层并将该图层上边线下拉,使得该图层填充完整空白处,并按下回车键,如图 9－36 所示。

图 9－36　新图层下拉效果图

6. 单击"椭圆选择工具",在图下方选择一个区域,如图 9－37 所示。

图 9－37　选择下方区域

7. 选择"滤镜"→"扭曲"→"水波",使得刚选择的区域有水波效果,最终效果图如图 9-38 所示。

图 9-38　最终效果图

"微信扫码"
相关资源 & 拓展阅读

第10章　GoldWave 音频编辑

实验 10.1　GoldWave 基本操作

一、实验要求

1. 了解 GoldWave 的基本功能。
2. 掌握音频合成的基本方法。

二、实验内容及步骤

1. 打开 GoldWave 软件,选择一个音频文件(董贞-回到起点)并加入,如图 10-1 所示。

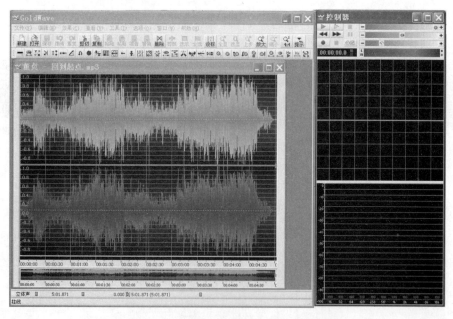

图 10-1　GoldWave 打开一个文件界面

2. 选择第二个音频文件(一剪梅)并加入,如图 10－2 所示。

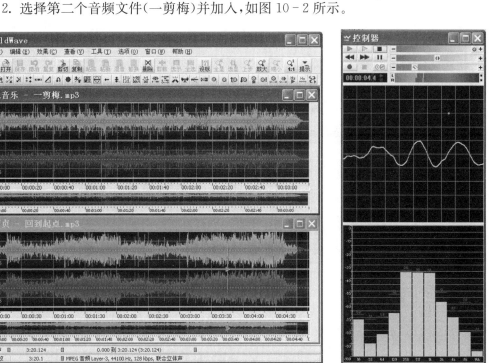

图 10－2　GoldWave 打开第二个文件界面　　　　　图 10－3　控制器

3. 单击控制器中的播放按钮。播放音频,如图 10－3 所示。

4. 音频合成

(1) 对于打开的文件各边有一条蓝线,即"起始线"与"终点线",两条线中间的文件是被选中的部分(亮除外)。

(2) 在"回到起点"文件中拖动"起始线"与"终点线",选择需要的部分文件,然后单击复制按钮。

(3) 复制后,选择"一剪梅",重复上面的步骤选择需要混音的文件部分,然后单击"编辑"里的"混音"命令。

(4) 这时会弹出混音面板,如图 10－4 所示。混音面板中"进行混音的起始时间"是指需要开始进行混音的文件的起始位置,而下边音量指的是使用者所复制的那段音频的音量。音量大小的调节根据具体需求而定,单击绿色的小箭头就可以开始试听当前的设置效果。调试到最佳效果后需单击"确定"按钮,即可把复制的一段混音到选中的一段里,如图 10－5 所示。

图 10－4　混音界面

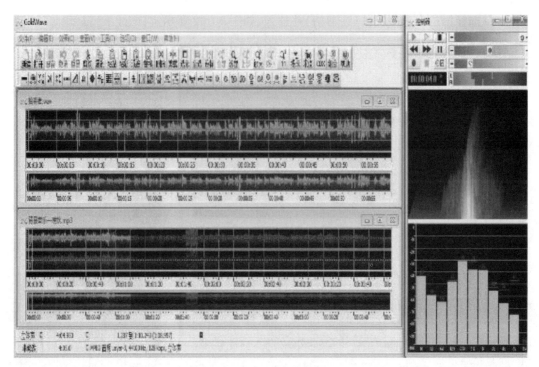

图 10 - 5　混音后效果图

实验 10.2　声音的采集

一、实验要求

1. 掌握单声道录制一段语音文字的方法。
2. 掌握声音采集的基本方法。

二、实验内容及步骤

新建声音"文件"→"录制"→"试听声音"→"效果处理"→"保存文件"。

1. 打开 GoldWave，"文件"→"新建"，在对话框中设置参数，如图 10－6 所示。
2. 使用"窗口"→"陪伴"→"设备控制"命令，打开设备控制窗口。

图 10－6　参数设置对话框

图 10－7　设备控制窗口

单击"设备控制窗口"中的属性按钮 ，将对话框中的录音选卡中，把"Ctrl 键保护"对钩撤销以后，单击录音按钮就可录音。

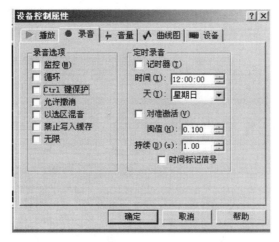

图 10－8　设备控制属性对话框——录音选项卡

3. 单击"设备控制窗口"中的音量选卡，把"录音来源及音量"设置为如图 10－9 所示，单击确定。

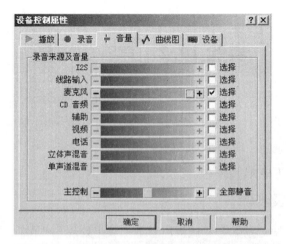

图 10 - 9　设备控制属性对话框——音量参数设置

4. 单击"设备控制窗口"中的录音按钮,开始采集语音,内容任意。

5. 把没有声音的静音部分删掉。

6. 使用"效果"→"音量"→"最大化"命令,对声音文件进行最大化处理(图 10 - 10)。

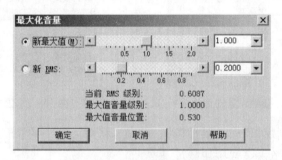

图 10 - 10　最大化音量对话框

7. 保存文件"G2. mp3"。

实验 10.3　剪辑与混音

一、实验要求

1. 掌握音频文件的剪辑方法。
2. 掌握声音淡入淡出的设置方法。
3. 掌握混音的基本方法。

二、实验内容及步骤

使用 GoldWave 音频处理软件,按下面要求,制作完成后保存文件(素材网上任意下载)。

1. 导入两段声音素材。
2. 找到背景音乐中的一处声音不连续的部分,把该处删除掉。
3. 把该背景音乐另存为"背景音乐 1"(WAVE 格式)。
4. 把两段音频素材进行混音合成,制作一个"配乐诗朗诵",文件长度为 60 秒。
5. 开始 3 秒采用声音淡入效果,最后 3 秒采用声音淡出效果。
6. 保存文件为"G4.mp3"(22050 Hz、16 kbps、单声道)

具体步骤如下:

1. 分别打开素材库中的"背景音乐.wav"和"朗诵.wav",平铺。
2. 激活"背景音乐.wav",使用"视图"→"全部",把所有内容显示出来(图 10-11)。选"视图"→"缩放为 1∶1 000",再单击"视图"→"缩小"两次,比对下列样图刻度(图 10-12)。

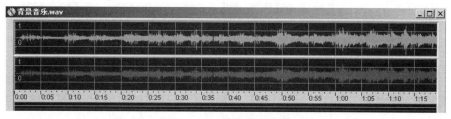

图 10-11　选取背景音乐

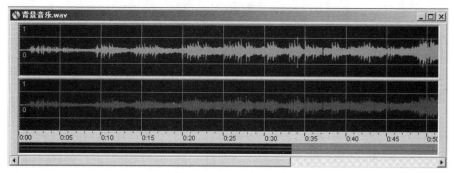

图 10-12　缩小后的文件样书

在图 10－12 中可以看出在 35～40 秒之间有一段不连续部分,单击 35 秒位置,右击 40 秒位置,即可选中该部分。选择"视图"→"选区",可看到 37 秒后有明显静音部分 (图 10－13)。

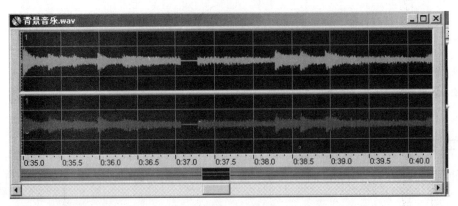

图 10－13　静音部分

用鼠标选定静音部分,选择"编辑"→"删除",把不连续的静音部分删除(图 10－14)。

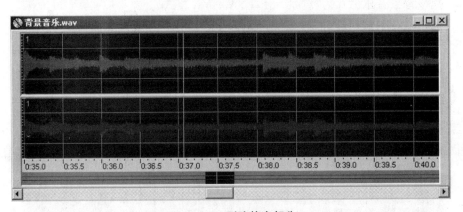

图 10－14　删除静音部分

3. "文件"→"另存为",文件名为"背景音乐 01.wav"。激活"朗诵.wav","编辑"→ "全选"以及"编辑"→"复制"。激活"背景音乐 01.wav","编辑"→"混音",如图 10－15 所示。

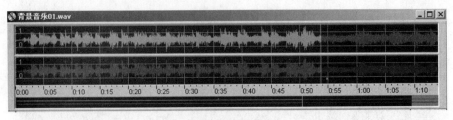

图 10－15　混音

4. 选择"背景音乐 01. wav",对 60s 以后的部分进行删除(图 10 - 16)。

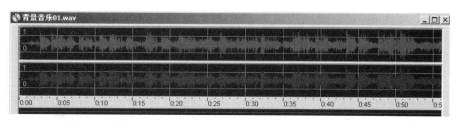

图 10 - 16 删除后部分

5. 选择开始的 3 秒,"效果"→"音量"→"淡入"。选择最后的 3 秒,"效果"→"音量"
→"淡出"(图 10 - 17)。

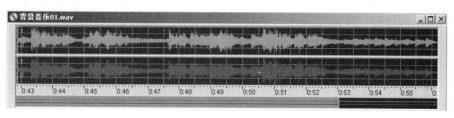

图 10 - 17 设置淡入淡出效果

6. 保存文件为"G4. mp3"。

"微信扫码"

相关资源 & 拓展阅读

参考文献

[1] 蒋加伏,沈岳.大学计算机实践教程(第5版)[M].北京:北京邮电大学出版社,2017.

[2] 教育部考试中心.全国计算机等级考试一级教程—计算机基础及MS Office应用上机指导(2021年版)[M].北京:高等教育出版社,2020.

[3] 张晓如,杨平乐等.大学计算机基础学习指导[M].徐州:中国矿业大学出版社,2016.

[4] 未来教育教学与研究中心.全国计算机等级考试上机考试题库二级MS Office高级应用(2021年版)[M].成都:电子科技大学出版社,2020.

[5] 教育部考试中心.全国计算机等级考试二级教程—MS Office高级应用(2021年版)[M].北京:高等教育出版社,2020.

[6] 吕新平.大学计算机基础上机指导与习题集(第7版 慕课版)[M].北京:人民邮电出版社,2021.

[7] 天明教育计算机等级考试研究组.全国计算机等级考试上机考试题库二级MS Office高级应用(2021年版)[M].成都:电子科技大学出版社,2020.

[8] 答得喵微软MOS认证授权考试中心.微软办公软件国际认证MOS Office 2016七合一高分必看[M].北京:中国青年出版社,2017.

[9] 赛贝尔咨询.高效随身查——Office高效办公应用技巧(2016版)[M].北京:清华大学出版社,2018.

[10] 龙马高新教育.Word/Excel/PPT 2016办公应用从入门到精通[M].北京:北京大学出版社,2016.

[11] 王国胜.Excel 2016公式与函数辞典[M].北京:中国青年出版社,2016.

[12] 张兵义等.Web前端开发实例教程—HTML5+CSS3+JavaScript[M].北京:电子工业出版社,2017.

[13] 唯美世界.Photoshop CC从入门到精通PS教程[M].北京:水利水电出版社,2017.